別表

JN067370

（左端・切れた欄）性物質（固体又は液体）

	当する物品
	ブチルリ
	ム
	亜鉛
	トリウム
	チウム
	ルシウム
	シウム
	ミニウム
	コシラン

リウムを除く
ウム及びア
除く

第４類　引火性液体

品　名	品名に該当する物品
特殊引火物	ジエチルエーテル
	二硫化炭素
	アセトアルデヒド
	酸化プロピレン
第一石油類	ガソリン
	ベンゼン
	トルエン
	n-ヘキサン
	酢酸エチル
	メチルエチルケトン
	アセトン
	ピリジン
	ジエチルアミン
アルコール類	メタノール
	エタノール
	n-プロピルアルコール
	イソプロピルアルコール
第二石油類	灯油
	軽油
	クロロベンゼン
	キシレン
	n-ブチルアルコール
	酢酸
	プロピオン酸
	アクリル酸
第三石油類	重油
	クレオソート油
	アニリン
	ニトロベンゼン
	エチレングリコール
	グリセリン
第四石油類（※1）	ギヤー油
	シリンダー油
動植物油類（※1）	ヤシ油
	アマニ油

※1　ギヤー油，シリンダー油以外の第四石油類及び動植物油類は，引火点が250℃未満のものに限る

第５類　自己反応性（固体又は…）

品　名	品名に該当…する物品
有機過酸化物	過酸化ベンゾイル
	メチルエチルケトンパーオキサイド
	過酢酸
硝酸エステル類	硝酸メチル
	硝酸エチル
	ニトログリセリン
	ニトロセルロース
ニトロ化合物	ピクリン酸
	トリニトロトルエン
ニトロソ化合物	ジニトロソペンタメチレンテトラミン
アゾ化合物	アゾビスイソブチロニトリル
ジアゾ化合物	ジアゾジニトロフェノール
ヒドラジンの誘導体	硫酸ヒドラジン
ヒドロキシルアミン	ヒドロキシルアミン
ヒドロキシルアミン塩類	硫酸ヒドロキシルアミン
	塩酸ヒドロキシルアミン
政令で定めるもの（※1）	アジ化ナトリウム
	硝酸グアジニン
	1-アリルオキシ-2,3-エポキシプロパン
	4-メチリデンオキセタン-2-オン
前各号に掲げるもののいずれかを含有するもの	

※1　金属のアジ化物
　　　硝酸グアニジン

第６類　酸化性液体

品　名	…する物品
過塩素酸	
過酸化水素	
硝酸	硝酸
	発煙硝酸
その他のもので政令で定めるもの（※1）	フッ化塩素
	三フッ化臭素
	五フッ化臭素
	五フッ化ヨウ素
前各号に掲げるもののいずれかを含有するもの	

※1　ハロゲン間化合物
　　　（2種のハロゲンからなる化合物）

危険物取扱者試験

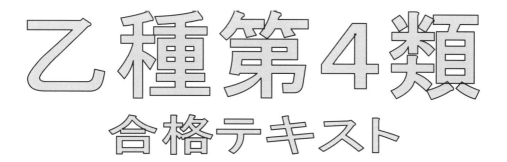

乙種第4類

合格テキスト

資格試験研究会　著

梅 田 出 版

もくじ

第1章
基礎的な物理学及び基礎的な化学

1. **物理・化学に関する基礎知識**
   1. 物質の状態変化　*2*
   2. 密度と比重　*4*
   3. 熱とその移動　*5*
   4. 熱膨張　*9*
   5. 熱化学方程式　*11*
   6. 静電気　*12*
   7. 物質の変化　*14*
   8. 物質の分類　*15*
   9. 酸と塩基　*17*
   10. 酸化と還元　*18*
   11. 金　属　*20*
   12. 有機化合物　*22*

2. **燃　焼**
   1. 燃焼の3要素　*24*
   2. 燃焼の形態　*27*
   3. 燃焼の難易　*30*
   4. 引火点　*31*
   5. 発火点　*32*
   6. 燃焼範囲　*33*
   7. 自然発火　*36*

3. **消　火**
   1. 消火の方法と消火剤　*37*
   2. 消火設備　*41*
   3. 警報設備　*44*

第2章
危険物の性質並びにその火災予防及び消火の方法

1. **危険物の類ごとに共通する性質と品名**　*46*

2. **第4類危険物と消火**
   1. 第4類危険物の共通する特性　*50*
   2. 第4類危険物の火災予防　*53*

3. **第4類危険物の性質**
   1. 特殊引火物　*56*
      ジエチルエーテル　　二硫化炭素
      アセトアルデヒド　　酸化プロピレン
   2. 第1石油類　*60*
      ガソリン　　　　　　ベンゼン　　トルエン
      n-ヘキサン　　　　　酢酸エチル
      メチルエチルケトン　アセトン
      ピリジン　　　　　　ジエチルアミン
   3. アルコール類　*66*
      メタノール　　　　　エタノール
      n-プロピルアルコール
      イソプロピルアルコール
   4. 第2石油類　*69*
      灯油　　　　　　　　軽油
      クロロベンゼン　　　キシレン
      n-ブチルアルコール　酢酸
      プロピオン酸　　　　アクリル酸
   5. 第3石油類　*75*
      重油　　　　　　　　クレオソート油
      アニリン　　　　　　ニトロベンゼン
      エチレングリコール　グリセリン
   6. 第4石油類　*79*
   7. 動植物油類　*80*

第3章　危険物に関する法令

1. 危険物を規制する法令
  1. 指定数量　*86*
  2. 危険物の法規制　*88*

2. 製造所等の区分　*90*

3. 製造所等の設置から用途廃止までの手続き
  1. 設置許可並びに位置，構造または設備の変更許可　*92*
  2. 仮使用　*95*

4. 危険物取扱者
  1. 免状　*96*
  2. 保安講習　*99*

5. 製造所等の保安体制
  1. 保安体制　*100*
  2. 予防規程　*104*
  3. 定期点検　*106*

6. 製造所等の位置，構造，設備の基準
  1. 保安距離・保有空地　*108*
  2. 製造所等の建築物の構造・設備の基準　*110*
  3. 貯蔵所・取扱所の構造・設備の基準　*111*

    1. 屋内貯蔵所　*111*　　　2. 屋外貯蔵所　*112*　　　3. 屋外タンク貯蔵所　*113*
    4. 屋内タンク貯蔵所　*115*　5. 地下タンク貯蔵所　*116*　6. 簡易タンク貯蔵所　*117*
    7. 販売取扱所　*118*　　　8. 一般取扱所　*118*　　　9. 給油取扱所　*119*
    10. 移動タンク貯蔵所　*122*

  4. 移送　*124*
  5. 運搬　*126*
  6. 危険物の貯蔵・取扱いの技術上の基準　*130*
  7. 標識・掲示板　*132*

7. 行政違反等に対する措置　*134*

8. 事故時の措置　*137*

  模擬試験1　*138*

  模擬試験2　*145*

受 験 案 内

1. 危険物取扱者試験は都道府県知事から委任された消防試験研究センター
各道府県支部（東京都は中央試験センター）で実施されています。

2. 試験の日時・会場等はその都度公示されますが，詳しいことは，
・（財）消防試験研究センターの **Web** ページ (http://www.shoubo-shiken.or.jp/)
・センター各支部の窓口
でご確認ください。

3. 受験資格
受験資格の制限はありません。

4. 試験の方法
5 肢択一式のマーク・カードを使う筆記試験です。

5. 試験科目および出題数

①	危険物に関する法令	出題数	15 題
②	基礎的な物理学及び基礎的な化学		10 題
③	危険物の性質並びにその火災予防及び消火の方法		10 題

合格基準は①～③の試験科目ごとの成績が，それぞれ 60%以上。

6. 試験科目の一部免除
乙種を受験する者のうち，受験する類以外の乙種危険物取扱者免状を有す
る者は，上記試験科目のうち①と②は免除される。

7. 解答時間　2 時間（120 分）
※　試験科目の一部が免除される者の試験時間は，免除される問題の数に応
じて短縮されます。

第1章

基礎的な物理学
及び
基礎的な化学

1. 物理・化学に関する基礎知識

── 1. 物質の状態変化 ──

物質の状態には，**固体**，**液体**，**気体**がある。この3つの状態を**物質の三態**という。

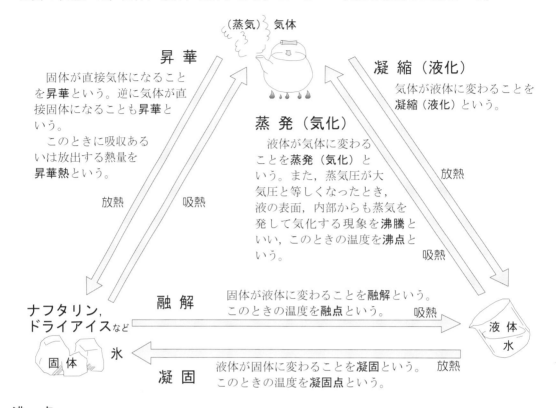

昇華
固体が直接気体になることを**昇華**という。逆に気体が直接固体になることも**昇華**という。
このときに吸収あるいは放出する熱量を**昇華熱**という。

凝縮（液化）
気体が液体に変わることを凝縮（液化）という。

蒸発（気化）
液体が気体に変わることを**蒸発（気化）**という。また，蒸気圧が大気圧と等しくなったとき，液の表面，内部からも蒸気を発して気化する現象を**沸騰**といい，このときの温度を**沸点**という。

融解
固体が液体に変わることを**融解**という。このときの温度を**融点**という。

凝固
液体が固体に変わることを**凝固**という。このときの温度を**凝固点**という。

沸 点

① **沸点**とは液体の**飽和蒸気圧**が外圧と等しくなるときの液温。

② 沸点は**加圧**すると高くなり，**減圧**すると低くなる。

③ 一定圧における純粋な物質の**沸点**は，その物質固有の値を示す。

④ **不揮発性物質**が溶け込むと，液体の沸点はもとの液体より高くなる（沸点上昇）。

⑤ 沸点が低ければ可燃性蒸気の放散が容易となり，引火の危険性が高くなる。

⑥ 水は1気圧のもとでは100〔℃〕で沸騰する。

蒸気圧＝大気圧
→沸騰がはじまる。

その他の状態変化

1. 潮 解
固体の物質が空気中の水分を吸収して，その水に溶ける現象。

水酸化ナトリウム

2. 風 解
潮解とは反対に，結晶水を含む物質がその結晶水を失って粉末状になる現象。

3. 溶 解
物質が液体に溶けることを溶解といい，その濃度が均一で，かつ透明な液体を**溶液**といい，溶けている物質を**溶質**，それを溶かしている液体を**溶媒**という。

【1】 用語の説明として，次のうち誤っているものはどれか。

(1) 固体が直接気体になる変化及びその逆の変化を昇華という。
(2) 固体の物質が空気中の水分を吸収して，その水に溶ける現象を潮解という。
(3) 液体が固体になる変化を融解という。
(4) 水が蒸発するような変化を気化という。
(5) 気体が液体に変わることを凝縮という。

【2】 物質の状態変化について，次のうち誤っているものはどれか。

(1) 液体が固体になる変化を凝固という。
(2) 固体のナフタリンが，直接気体になるような変化を昇華という。
(3) 氷が溶けて水になるような変化を融解という。
(4) 液体が気体になる変化を気化という。
(5) 気体が液体になる変化を蒸発という。

【3】 沸点について，次のうち誤っているものはどれか。

(1) 沸点は加圧すると低くなり，減圧すると高くなる。
(2) 水は1気圧のもとでは100〔℃〕で沸騰する。
(3) 一定圧における純粋な物質の沸点は，その物質固有の値を示す。
(4) 液体の飽和蒸気圧が外圧に等しくなるときの液温を沸点という。
(5) 不揮発性物質が溶け込むと液体の沸点は変化する。

【4】 沸点について，次のうち正しいものはどれか。

(1) 沸点は外圧が高くなれば低くなる。
(2) 水に食塩を溶かした溶液の1気圧における沸点は100〔℃〕より低い。
(3) 沸点の高い液体ほど蒸発しやすい。
(4) 沸点とは液体の飽和蒸気圧が外圧と等しくなったときの温度である。
(5) 可燃性液体の沸点はいずれも100〔℃〕より低い。

【5】 潮解の説明として，次のうち正しいものはどれか。

(1) 物質が空気中の水蒸気と反応して固化する現象。
(2) 物質が空気中の水蒸気と反応して性質の異なった2つ以上の物質になる現象。
(3) 溶液の溶媒が蒸発して，溶質が析出する現象。
(4) 物質の中に含まれている水分は放出されて粉末になる現象。
(5) 固体が空気中の水分を吸収して，その水に溶ける現象。

【6】 融点が−114.5〔℃〕で沸点が78.3〔℃〕の物質を−30〔℃〕及び70〔℃〕に保ったときの状態について，次の組合せのうち正しいものはどれか。

	−30〔℃〕のとき	70〔℃〕のとき
(1)	固 体	固 体
(2)	固 体	液 体
(3)	液 体	液 体
(4)	液 体	気 体
(5)	気 体	気 体

2. 密度と比重

1. 密　度

物質の単位体積（1〔cm³〕等）あたりの質量をいう。

$$密度（比重）〔g/cm^3〕 = \frac{質量〔g〕}{体積〔cm^3〕}$$

※ 質量は重さと考えてよい。

・物質は，加熱されて体積が膨張すると密度は小さくなる。

・水は4〔℃〕で密度が最大になる。

・比重は密度から単位を省略して表したものである。

> 参　考
> 　1気圧，4〔℃〕における純粋な水の密度は1〔g/cm³〕である。
> また，比重は1である。

2. 比　　重

①　**固体または液体の比重**…ある物質の重さと同体積の水（1気圧，4〔℃〕）の重さを比べた割合をいう。

　　　　比重が同じであれば，同一体積の物体の質量は同じである。

　　　　─ 比重が1より小さいものは**水に浮く**

　　　　─ 比重が1より大きいものは**水に沈む**

> 　**第4類の危険物の多くは，液体の比重が1より小さく，水より軽く，**アルコール類等一部の物品を除いて，水に溶けない。したがって，流出した場合，水の表面に薄く広がり，その液表面積が大きくなり，火災となった場合には，火災範囲が大きくなる。

②　**蒸気比重**…ある蒸気の重さと，同じ体積の空気（0〔℃〕，1気圧）の重さを比べた割合をいう。

$$蒸気比重 = \frac{蒸気の重さ}{同体積の空気の重さ}$$

> 参　考
> 　乙種第4類危険物の発生する蒸気のほとんどが空気より重く，下部に滞留するので危険。
> 　ガソリンの蒸気比重は3〜4で，空気より3〜4倍重く低い所に滞留する。
> 　このため，遠く離れた場所（特に風下側）にある火源により引火する危険性がある。

3. 熱とその移動

熱の移動の仕方には，**伝導，対流，放射（ふく射）**の３つがある。

熱せられた物体が放射熱を出して，物質を媒介することなく他の物体に熱を与える現象を**放射**という。また，そのときに放射される熱を**放射熱**という。

例
- 放射熱は，白いものは反射されやすく，黒いものには吸収されやすい。
- 放射熱を反射させ，油温の上昇を防止するため，石油タンクは銀白色に塗装されている。
- 焚き火は離れていても暖かい。
- 太陽のエネルギーで水を暖める。
- 真空中でも伝わる。

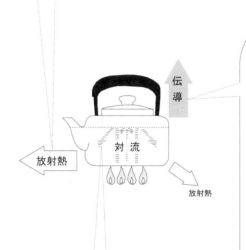

熱が物質中を伝って高温部から低温部へ移動することを**伝導**という。この伝導の度合いを表す数値を**熱伝導率**という。

- 熱伝導率の大きな物質は熱を伝えやすい。
- 熱伝導率が小さいものほど燃えやすい。
- 物質を粉末にすると，表面積が増大して見かけ上の熱伝導率が小さくなり，燃えやすくなる。

物　質	熱伝導率
金　　属	大きい
固体・液体	小さい
気　　体	極めて小さい

例
- 熱湯を入れた湯呑茶碗の外側が熱くなる。
- アイロンの熱が布に伝わる。

液体や気体は加熱すると，温度が高くなり，膨張し，軽くなって上昇する。温度の低い部分は重いため，下降する。
このように温度差によって生ずる流動を**対流**という。

例
- ストーブの火で部屋が暖められる。
- やかんの湯が沸く。
- 火事場風

1. 熱 量

　温度の異なる物質を接触させると，熱は熱い物質から冷たい物質に伝わる。この伝わる熱の
エネルギー量を熱量といい，単位にはジュール〔J〕を用いる。

　1〔cal〕は水1〔g〕を1〔K〕上昇させる熱量で，1〔cal〕≒4.2〔J〕である。

> **温　度**
> −273〔℃〕を基準の0度として，セ氏温度目盛りと等しい割合で表した温
> 度を**絶対温度**という。単位は〔**K**〕（ケルビン）。

2. 比 熱

物質1〔g〕の温度を1〔K〕，または1〔℃〕だけ高めるのに必要な熱量を**比熱**という。

$$比熱〔J/g・K〕 = \frac{熱容量}{質量}$$

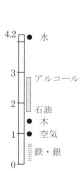

① 　同じ重さの物質を同じように加熱しても，温度の上昇の度合い
　　が違うのは比熱が異なるからである。

② 　比熱が大きい物質は温まりにくく冷めにくい。

③ 　水の比熱は固体，液体の中でもっとも大きい。

④ 　比熱が大きいものは熱容量が大きい。

3. 熱容量

① 　ある物体の温度を1〔K〕（1〔℃〕）だけ高めるのに必要な熱量を熱容量という。

$$\begin{array}{ccccc} C & = & m & \times & c \\ 熱容量〔J/K〕 & = & 質量 & \times & 比熱 \end{array}$$

　・熱容量の大きいものは温まりにくく冷めにくい。

② 　ある物質を温めた時に求める熱量は，

$$\begin{array}{ccccccc} 熱 & 量 & = & 質量 & \times & 比熱 & \times & 上昇した温度 \\ ジュール〔J〕 & & & 〔g〕 & & 〔J/g・K〕 & & 〔℃〕 \end{array}$$

> **例題**　　比熱2.0〔J/g・K〕，0〔℃〕の油200〔g〕を10〔℃〕に温めたときの熱量はいくらか。

　〔解説〕　2.0（油の比熱）×200（質量）×（10−0）（変化した温度）＝4,000〔J〕　　答　4,000〔J〕

> **例題**　　ある液体50〔g〕を温度20〔℃〕から60〔℃〕まで高めるのに，1000〔J〕必要
> 　　　　　であった。この液体の比熱はいくらか。

　〔解説〕　1000（熱量）＝比熱×50（質量）×（60−20）（変化した温度）　　　　　答　0.5〔J/g・K〕

【1】 比重についての説明として，次のうち誤っているものはどれか。

(1) 氷の比重は，1 より小さい。

(2) ガソリンが水に浮かぶのは，ガソリンが水に不溶で，かつ比重が 1 より小さいからである。

(3) 第 4 類の危険物の蒸気比重は，一般に 1 より小さい。

(4) 物質の蒸気比重は，蒸気の重さと同じ体積の空気の重さを比べた割合をいう。

(5) 水の比重は，4℃のときが最も大きい。

【2】 熱の移動の説明として，次のうち誤っているものはどれか。

(1) ガスの炎の上の容器内の水が水の表面から温かくなるのは熱の伝導によるものである。

(2) 太陽熱によって地上のものが温められ温度が上昇するのは放射熱によるものである。

(3) 鉄棒の一端をローソクの炎で熱すると他端がやがて熱くなるのは熱の伝導によるものである。

(4) コップにお湯を入れるとコップが温かくなるのは熱の伝導によるものである。

(5) 冷房装置により冷やされた空気により室内全体が冷やされるのは熱の対流によるものである。

【3】 次の文章のうち正しいものの組合せはどれか。

A 金属，プラスチック，木材，空気のうち熱伝導率の一番小さいものは空気である。

B 熱伝導率が大きい物質ほど熱が蓄積されやすい。

C 放射熱は，真空中でも伝わる。

D 放射熱は，物体が黒いものほど熱を吸収しにくくなる。

E 鉄の棒の先端を加熱したとき，他方の端が熱くなるのは，鉄の内部の対流によって熱が伝えられるからである。

(1) A と B

(2) C と D

(3) B と E

(4) C と E

(5) A と C

【4】 熱伝導率が最も小さいものは，次のうちどれか。

(1) アルミニウム

(2) 水

(3) 木材

(4) 銅

(5) 空気

【5】　比熱の説明として，次のうち正しいものはどれか。

　(1)　物質 1〔g〕が液体から気体に変化するのに要する熱量である。

　(2)　物質に 1〔J〕の熱を加えたときの温度上昇の割合である。

　(3)　物質を圧縮したとき発生する熱量である。

　(4)　物質 1〔g〕の温度を 1〔K〕（ケルビン）上昇させるのに必要な熱量である。

　(5)　物質が水を含んだとき発生する熱量である。

【6】　熱に関する一般的な性質等として，次のうち誤っているものはどれか。

　(1)　純水 1〔g〕を 1〔℃〕上昇させるのに必要な熱量は約 4.2〔J〕（1cal）である。

　(2)　熱の移動方法は，伝導，放射及び対流の 3 つに大別される。

　(3)　同じ形の数種の金属棒の一端を熱した時，熱伝導率の大きい金属棒ほど他端に熱が速く伝わる。

　(4)　比熱が大きい物質は温まりにくく冷めにくい。

　(5)　異なる 2 つの物体に等しい熱量を与えると，熱容量の大きいほうが温度の上がり方が大きい。

【7】　熱容量の説明として，次のうち正しいものはどれか。

　(1)　容器の比熱のことである。

　(2)　物体に 1〔J〕の熱を与えたときの温度上昇率のことである。

　(3)　物体の温度を 1〔K〕だけ変化させるのに必要な熱量である。

　(4)　比熱に密度を乗じたものである。

　(5)　物質 1〔kg〕の比熱のことである。

【8】　比熱が c で，質量が m の物体の熱容量 C を表す式として，次のうち正しいものはどれか。

　(1)　$C=mc^2$

　(2)　$C=m^2c$

　(3)　$C=mc$

　(4)　$C=m／c$

　(5)　$C=c／m$

【9】　ある液体 200〔g〕を 10〔℃〕から 35〔℃〕まで高めるのに必要な熱量として，次のうち正しいものはどれか。この液体の比熱は 1.26〔J/g・K〕とする。

　(1)　4.2〔kJ〕

　(2)　6.3〔kJ〕

　(3)　8.8〔kJ〕

　(4)　21.0〔kJ〕

　(5)　29.4〔kJ〕

4. 熱 膨 張

　一般に，物体に熱を加えると長さや体積が増加する。この現象を**熱膨張**という。熱膨張には線膨張と体膨張がある。

1. 線膨張

　金属の棒など**棒状物体の長さが熱によって伸びる変化**をいう。

2. 体膨張

　固体や液体の場合，温度上昇によって起こる体積の増加をいう。

　タンクや容器に空間容積を必要とするのは，収納された物質の体膨張による容器の破損を防ぐためである。

　体膨張率とは，液体の温度が 1〔℃〕上昇するごとに増加する体積の割合をいう。

　体膨張率は固体が最も小さく気体が最も大きい。

> 膨張後の全体積＝　元の体積　＋　増加体積
> （元の体積×体膨張率×温度差）

液体の体膨張率（20〔℃〕）

水	0.150×10^{-3}
オリーブ油	0.720×10^{-3}
ベンゼン	1.24×10^{-3}
ガソリン	1.35×10^{-3}

ガソリン〔冷所〕　容器いっぱいに入れておくと…！！　〔炎天下〕

例題　　10〔℃〕で 20,000〔ℓ〕のガソリンは，30〔℃〕になると何〔ℓ〕になるか。
　　　　　ただし，ガソリンの体膨張率を 1.35×10^{-3} とする。

[解説] 増加体積＝$20,000 \times 1.35 \times 10^{-3} \times (30-10)$ ＝$20,000 \times 0.00135 \times 20$＝540〔ℓ〕
　　　　求めるガソリンの量＝元の体積＋増加体積＝20,000＋540＝20,540

答　20,540〔ℓ〕

3. 気体の膨張

① 気体の体積と温度

　　圧力が一定のとき，一定質量の気体の体積は，温度が 1〔℃〕上昇すると 0〔℃〕のときの体積 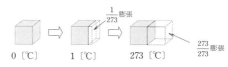 の1/273ずつ膨張し，1〔℃〕下降すると1/273ずつ収縮する（**シャルルの法則**）。

0〔℃〕　1〔℃〕　273〔℃〕　$\frac{1}{273}$膨張　$\frac{273}{273}$膨張

② 気体の体積と圧力

　　温度が一定のとき，一定質量の気体の体積は圧力に反比例する。例えば一定温度の下で気体を圧縮し，その圧力を 2 倍にすると体積は1/2になる（**ボイルの法則**）。

【1】 物質の物理的性質について，次のうち正しいものはどれか。

(1) 気体の膨張は，圧力に関係するが温度の変化には関係しない。

(2) 固体または液体は，1〔℃〕上がるごとに約273分の1ずつ体積を増す。

(3) 固体の体膨張率は，気体の体膨張率の3倍である。

(4) 線膨張とは，金属の棒など棒状物体の長さが熱によって伸びる変化をいう。

(5) 液体の体膨張率は，気体の体膨張率よりはるかに大きい。

【2】 タンクや容器に液体の危険物を入れる場合，空間容積を必要とするのは，次のどの現象と最も関係があるか。

(1) 蒸発

(2) 酸化

(3) 還元

(4) 体膨張

(5) 熱伝導率

【3】 内容積1,000〔ℓ〕のタンクに満たされた液温15〔℃〕のガソリンを35〔℃〕まで温めた場合，タンク外に流出する量として，次のうち正しいものはどれか。

　ただし，ガソリンの体膨張率を $1.35×10^{-3}$ とし，タンクの膨張及びガソリンの蒸発は考えないものとする。

(1) 1.35〔ℓ〕

(2) 6.75〔ℓ〕

(3) 13.50〔ℓ〕

(4) 27.0〔ℓ〕

(5) 54.0〔ℓ〕

【4】 液温0〔℃〕のガソリン1,000〔ℓ〕を徐々に温めると，1,020〔ℓ〕になった。この時の液温に最も近いものは，次のうちどれか。

　ただし，ガソリンの体膨張率を $1.35×10^{-3}$ とし，ガソリンの蒸発は考えない。

(1) 5〔℃〕

(2) 10〔℃〕

(3) 15〔℃〕

(4) 20〔℃〕

(5) 25〔℃〕

5. 熱化学方程式

1. 反応熱

化学反応が起きるとき発生または吸収する熱量を反応熱という。熱が発生する化学反応を**発熱反応**，熱を吸収する化学反応を**吸熱反応**という。

2. 熱化学方程式

化学反応式に反応熱を記入し，両辺を＝（等号）で結んだ式を熱化学方程式という。

発生する熱量（発熱反応）を＋，吸収する熱量（吸熱反応）を－で表す。

メタンの燃焼について熱化学方程式を解説すると，

［解説］　メタンが燃焼して，二酸化炭素と水になるとき，

$$CH_4 + 2O_2 = CO_2 + 2H_2O + 891 〔kJ〕$$

メタン 1〔mol〕すなわち分子量が 16 なので 16〔g〕

0〔℃〕，1〔atm〕で 22.4〔ℓ〕の気体を完全燃焼させると，891〔kJ〕の熱を出す。

例えば，メタン 80〔g〕を完全燃焼させると，80/16＝5〔mol〕なので

891×5＝4455〔kJ〕の熱が出る。

= = = 練習問題 = = =

【1】 天然ガスの主成分であるメタンが，完全燃焼時の熱化学方程式は，次のとおりである。

$$CH_4 + 2O_2 = CO_2 + 2H_2O + 891 〔kJ〕$$

この方程式からいえることとして，次のうち正しいものはどれか。

(1)　メタン 1〔mol〕につき，酸素 2〔mol〕生成される。

(2)　メタン 1〔mol〕につき，水素 2〔mol〕が反応する。

(3)　メタンが完全燃焼したときの反応生成物は二酸化炭素と水のみである。

(4)　反応の前後を比較すると，酸素原子の数は反応前より反応後の方が多い。

(5)　メタン 1〔mol〕が完全燃焼したとき，891〔kJ〕の熱を吸収される。

【2】 炭素が完全燃焼するときの熱化学方程式は次のとおりである。

$$C + O_2 = CO_2 + 392.2 〔kJ〕$$

今，発生した熱量が 784.4〔kJ〕であったとすると，炭素は何〔g〕完全燃焼したことになるか。ただし，炭素の原子量を 12 とする。

(1)　12〔g〕　　　(2)　24〔g〕　　　(3)　36〔g〕　　　(4)　48〔g〕　　　(5)　60〔g〕

6. 静 電 気

1. 静電気とは

① 静電気の火花放電は点火源となる。

② 摩擦電気ともいわれる。

③ 物質に発生した静電気は，そのすべてが蓄積するのではなく，一部の静電気は漏れ，残りの静電気が蓄積する。

④ 静電気が蓄積しても発熱や蒸発はしない。

> 湿 度
>
>
> 空気中に含まれる水蒸気の量を湿度といい，湿度が低いほど，物質に含まれる水分が蒸発しやすく物質が乾燥しやすい。
> 　湿度が低いほど静電気が発生しやすく，蓄積しやすい。

2. 静電気の発生

① 静電気は，電気的に絶縁された2つの異なる物質が相接触して離れるときに片方に正（＋）の電荷が，他方には負（－）の電荷が帯電して発生する。

② 静電気は**電気絶縁抵抗性の大きい物質ほど発生しやすく**，電気の不導体は（電気を通さない物質。**合成樹脂，ガソリン，灯油，軽油，重油**等）電気絶縁性が大きいので**摩擦（送油作業・タンクの中での油の動揺）**等により静電気が発生しやすい。

　・ 液体が流れる配管，ホース等は，接地する等，静電気の発生を除去する措置を講じる。

　・ ドラム缶などに収納されて静止の状態のときには，静電気の発生がなく，危険性はない。

③ 静電気の発生，蓄積は**湿度が低い（乾燥している）**ときに発生しやすい。

④ 一般に合成繊維の衣類は木綿のものより静電気が発生しやすい。

⑤ 静電気は人体にも帯電するが，害を及ぼすことはない。

⑥ 静電気は金属にも発生する。

　　　　　⇒　金属のドアノブに触れたときにショックがある。

⑦ **第4類危険物は電気の不導体が多く，静電気が発生し蓄積されやすい。**

　蓄積された静電気が放電するとき，発生する火花により引火することがある。

3. 静電気による災害の防止

発生を少なくする方法	蓄積させないようにする方法
① 摩擦を少なくする。	① 接地（アース）をする。
② 導電性材料を使用する。 　⇒ 導線を巻き込んだホースを使用する。	② 湿度（空気中に含まれる水蒸気の度合い）の低い時期は加湿器を使って高い湿度を保つ。
③ 除電剤を使用する。 　⇒ 導電性塗料を塗る。	③ 緩和時間をおいて放出中和する。⇒ 静置する。
④ 送油作業では油の流速を小さくし，流れを乱さないこと。	④ 除電服，除電靴を着用する。
	⑤ 室内の空気をイオン化する。

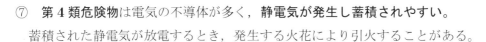

【1】 静電気について，次のうち誤っているものはどれか。

(1) 静電気による火災には，燃焼物に適応した消火方法をとる。
(2) 静電気の蓄積防止策として，タンク類などを電気的に絶縁する方法がある。
(3) 静電気の発生，蓄積を少なくするには，液体等の流速，撹はん速度などを遅くする。
(4) 静電気は一般に電気の不導体の摩擦等により発生する。
(5) 静電気の発生，蓄積は湿度の低いときに起こりやすい。

【2】 静電気について，次のうち誤っているものはどれか。

(1) 静電気は固体だけでなく，液体にも帯電する。
(2) 2種類の電気の不導体を互いに摩擦すると一方が正，他方が負に帯電する。
(3) 静電気は人体にも帯電する。
(4) 静電気の帯電を防止するためには空気中の湿度を低くする。
(5) 静電気の火花放電は可燃性の蒸気や粉塵が浮遊するところでは，しばしば点火源となる。

【3】 静電気について，次のうち誤っているものはどれか。

(1) 物体に発生した静電気は，一部は漏れ，残りの静電気が蓄積される。
(2) 静電気は湿度が低いと蓄積しやすい。
(3) 静電気の発生は物質の絶縁抵抗が大きいものほど大きい。
(4) 静電気が蓄積すると，放電火花を起こすことがある。
(5) 引火性液体に静電気が蓄積すると，蒸発しやすくなる。

【4】 静電気に関する記述として，A～E のうち，誤っているものはいくつあるか。

A 空気中の湿度を低くすると，静電気は蓄積しやすい。
B 静電気は，金属にも帯電する。
C 液体や粉体などが流動するときは，静電気が発生しやすい。
D 物質に静電気が蓄積すると電気分解が起こり，水素や酸素などが発生する。
E 一般的に合成繊維製品は，綿製品のものより静電気が発生しやすい。

(1) 1つ　　(2) 2つ　　(3) 3つ　　(4) 4つ　　(5) 5つ

【5】 静電気の発生を抑制し，または蓄積を防止する方法として，次のうち誤っているものはどれか。

(1) 設備や器具等を接地する。
(2) 容器またはパイプには，導電性の高い物質を使用する。
(3) 湿度を高くする。
(4) 配管やホースによる液体などの移送は，流速をできるだけ速くして行う。
(5) 空気をイオン化し，帯電体表面の電荷を中和させる。

7. 物質の変化

1. 物理変化（蒸発，融解，凝固，凝縮，潮解，風解など）

物質の本質は変化しないで，状態や形が変化することを**物理変化**という。

① 氷が溶けて水になる。
② ゴマの種子を圧搾してごま油を作る。
③ ニクロム線に電気を通じると発熱する。
④ 原油を蒸留してガソリンを作る。
⑤ ガソリンの流動によって静電気が発生する。
⑥ ドライアイスを放置すると気体の二酸化炭素になる。

2. 化学変化（燃焼，化合，分解，酸化，還元，中和など）

もとの物質と異なる新しい性質をもつ他の物質になる変化を**化学変化**という。

① 鉄を放置しておくとさびる。
② プロパンが燃焼して，二酸化炭素と水になる。
③ 木炭が燃えると二酸化炭素になる。
④ 水を電気分解すると，水素と酸素になる。
⑤ 炭化カルシウムに水を加えアセチレンを作る。
⑥ 過酸化水素に二酸化マンガンを加え酸素を作る。

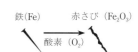

===== 練習問題 =====

【1】 次の A〜E のうち，化学変化に該当するものはいくつあるか。

  A 氷が溶けて水になった。   **B** プロパンが燃焼して水と二酸化炭素になった。
  C 鉄が空気中でさびた。   **D** 水に砂糖を溶かして砂糖水をつくった。
  E 亜鉛を塩酸に接触させたら水素が発生した。

  (1) なし   (2) 1つ   (3) 2つ   (4) 3つ   (5) 4つ

【2】 物質の変化を物理変化と化学変化に区分した場合，次のうち誤っているものはどれか。

  (1) 炭化カルシウムに水を加えアセチレンをつくる。…………………化学変化
  (2) 過酸化水素水に二酸化マンガンを加え酸素をつくる。………………化学変化
  (3) 原油を蒸留してガソリンをつくる。………………………………化学変化
  (4) ゴマの種子を圧搾してゴマ油をつくる。……………………………物理変化
  (5) ガソリンの流動により静電気が発生する。…………………………物理変化

【3】 次の A〜E について，化学変化と物理変化の組合せとして，正しいものはどれか。

  A ドライアイスを放置しておくと昇華する。
  B 鉄がさびて，ぼろぼろになる。
  C 酸化第二銅を水素気流中で熱すると，金属銅が得られる。
  D プロパンが燃焼して，二酸化炭素と水になる。
  E ニクロム線に電気を通じると発熱する。

	化学変化	物理変化
(1)	A, B, D	C, E
(2)	A, D, E	B, C
(3)	A, C, E	B, D
(4)	B, C, D	A, E
(5)	B, C, E	A, D

8. 物質の分類

すべての物質は次のように分類することができる。

単　体：1種類の元素からできている物質。

酸素 (O_2)，水素 (H_2)，窒素 (N_2)，鉄 (Fe)，亜鉛 (Zn)，リン (P)
ナトリウム (Na)，銅 (Cu)，アルミニウム (Al)，硫黄 (S)

同素体：単体でできている物質で，性質のまったく違うもの。

・炭素 (C) の同素体 → 黒鉛とダイヤモンド
・硫黄 (S) の同素体 → 斜方硫黄と単斜硫黄
・酸素 (O) の同素体 → 酸素とオゾン
・リン (P) の同素体 → 赤リンと黄リン

```
                    単体
        ┌──────┬──────┬──────┬──────┐
       酸素    オゾン   黄リン   赤リン
       O_2     O_3     P_4     P_8
        └──────┘        └──────┘
        同素体           同素体
```

純 物 質

化合物：2種類以上の元素が結合してできている物質。

・水 (H_2O)　　　　　　　→　酸素と水素の化合物
・エタノール (C_2H_5OH)　→　炭素と酸素と水素の化合物
・二酸化炭素 (CO_2)　　　→　酸素と炭素の化合物
・食塩 $(NaCl)$　　　　　　→　ナトリウムと塩素の化合物

異性体：分子式が同一で性質や分子内の構造が異なるもの。

・エタノールとジメチルエーテル
・オルトキシレンとメタキシレンとパラキシレン

物　質

混合物：いくつかの単体や化合物が化学変化することなく混ざり合っているもの。
灯油，軽油，セルロイド，砂糖水などがある。

・空気 → 酸素，窒素などの混合物　　・海水 → 食塩，水などの混合物
・ガソリン・軽油 → 炭化水素の混合物

同位体：化学的性質は同じであるが，中性子の数が違うため，質量数が異なる**純物質**
　　例　水素（原子量は1）と重水素（原子量は2）

【1】 単体，化合物及び混合物について，次のうち誤っているものはどれか。

(1) 水は酸素と水素に分解できるので化合物である。
(2) 硫黄やアルミニウムは，1種類の元素からできているので単体である。
(3) 赤リンと黄リンは単体である。
(4) 食塩水は食塩と水の化合物である。
(5) ガソリンは種々の炭化水素の混合物である。

【2】 単体，化合物及び混合物について，次のうち正しいものはどれか。

(1) ナトリウム，アルミニウムなどは2種類以上の元素からできているので化合物である。
(2) 酸素は単体であるがオゾンは化合物である。
(3) エタノールはガソリンと同様に，種々の炭化水素の混合物である。
(4) 水は酸素と水素の化合物である。
(5) 空気は酸素と窒素の化合物である。

【3】 化合物と混合物について，誤っているものはどれか。

(1) 空気は主に窒素と酸素の混合物である。
(2) 食塩はナトリウムと塩素の化合物である。
(3) 灯油は種々の炭化水素の混合物である。
(4) エタノールは，炭素，水素及び酸素の化合物である。
(5) 二酸化炭素は炭素と酸素の混合物である。

【4】 単体，化合物及び混合物についての次の組合せのうち，正しいものはどれか。

	（単体）	（化合物）	（混合物）
(1)	酸素	空気	水
(2)	ナトリウム	ガソリン	ベンゼン
(3)	硫黄	エタノール	灯油
(4)	アルミニウム	食塩水	硫黄
(5)	水素	ジエチルエーテル	二酸化炭素

【5】 次の組合せで，同素体に該当しないものはいくつあるか。

A 赤リンと黄リン
B オルトキシレンとパラキシレン
C 水素と重水素
D ダイヤモンドと黒鉛
E 炭酸ガスとドライアイス

(1) なし　　(2) 1つ　　(3) 2つ　　(4) 3つ　　(5) 4つ

9. 酸と塩基

1. 酸 （水に溶けて酸性を示す物質）

　塩酸 （HCl），酢酸 （CH₃COOH） などの水溶液やレモンのしぼり液は**青色リトマス試験紙を赤く変え**，酸味を持っている。また，金属と反応して**水素を発生**する。このような物質を**酸**という。これらの物質は**電離（解離）**により水素イオン（H^+）を生じ，酸性を示す。

2. 塩基 （水に溶けて**アルカリ性**を示す物質）

　水酸化ナトリウム （NaOH） やアンモニア水 （NH₄OH） などの水溶液は，**赤色リトマス試験紙を青く変える**。このような水溶液は**アルカリ性**を示し，その物質を**塩基**という。これらの物質は電離して，**水酸化イオン （OH^-）** を生じ，**OH^-がアルカリ性を示す。**

3. 水素イオン濃度指数 （pH）

　水溶液が酸性であるかアルカリ性であるか，また，その強さの度合いを示す単位で，pH の数値は 0〜14 まであり，7 が中性を示し，それよりも値が小さくなると，酸性が強くなる。また，7 よりも値が大きくなると，アルカリ性が強くなる。

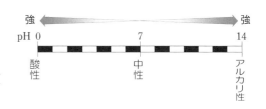

4. 中 和

　中和とは酸と塩基の水溶液が反応し，塩と水が生じること。

===== 練習問題 =====

【1】 次の文章で誤っているものはどれか。

   (1)　赤色リトマス紙を青く変える水溶液はアルカリ性である。

   (2)　酸は水溶液中で電離して水素イオンを出し，酸性を示す。

   (3)　pH は，その溶液の酸性，アルカリ性の度合いを示すもので，数値が大きいほど酸性が高い。

   (4)　中性の溶液は，pH の値が 7 である。

   (5)　青色リトマス紙を赤く変える水溶液は酸性である。

【2】 次の文章で誤っているものはどれか。

   (1)　硫酸や酢酸の水溶液は，青色リトマス紙を赤く変える。

   (2)　水溶液がアルカリ性を示す物質を塩基という。

   (3)　水溶液が酸性を示すのは，水溶液中に水酸化イオンを含むからである。

   (4)　溶液の酸性の強弱は，溶液中の水素イオン濃度 （pH の値） の大小による。

   (5)　中和とは，酸と塩基とが反応して塩と水とを生じる。

【3】 次の pH 値を示す水溶液のうち，アルカリ性で最も中性に近いものはどれか。

   (1)　pH＝2　　　(2)　pH＝5　　　(3)　pH＝8　　　(4)　pH＝10　　　(5)　pH＝12

10. 酸化と還元

物質が酸素と化合することを酸化という。	酸化物が酸素を失うことを還元という。
例 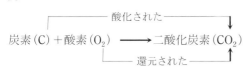 炭素（C）＋酸素（O_2）──→ 二酸化炭素（CO_2） C（炭素）は O_2（酸素）により**酸化**されて CO_2（二酸化炭素）になる。 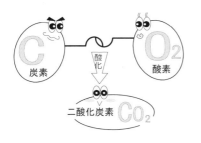	例 還元された 酸化銅（CuO）＋水素（H_2）──→ 銅（Cu）＋水（H_2O） 酸化された CuO（酸化銅）は H_2（水素ガス）で**還元**されて Cu（銅）と水（H_2O）になる。 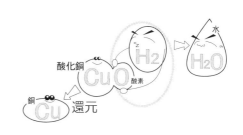

酸化と還元の同時性
1つの化学反応の中で酸化と還元は同時に起こる。
A 物質が B 物質によって酸化されるならば，同時に B 物質は必ず還元されている。

酸化の例	還元の例
・鉄を長い間放置しておくとさびる。 ・水素が燃えると水になる。 ・ガソリンが燃焼して二酸化炭素と水蒸気になる。 ・黄リンが燃焼して五酸化二リンになる。 ・硫黄が燃焼して二酸化硫黄になる。	・二酸化炭素が赤熱した炭素に触れて一酸化炭素になる。 ・硫黄が水素で還元されて硫化水素になる。

酸化剤	還元剤
反応相手の物質を酸化する物質	反応相手の物質を還元する物質
例 酸素　過酸化水素　硝酸　硫酸 第1類危険物（酸化性固体） 第6類危険物（酸化性液体）	例 水素　炭素　一酸化炭素 第2類危険物の硫黄，赤リン 第3類危険物のカリウム，ナトリウム

その他の酸化	その他の還元
・水素化合物が水素を失うこと。 ・物質が電子を失うこと。	・物質が水素と化合すること。 ・物質が電子を受け取ること。

【1】 酸化と還元について誤っているものはどれか。

(1) 酸化物が酸素を失うことを還元という。
(2) 反応する相手の物質によって酸化剤として作用したり還元剤として作用する物質もある。
(3) 化合物が水素を失うことを酸化という。
(4) 同一反応系において酸化と還元は同時に起こることはない。
(5) 物質が酸素と化合することを酸化という。

【2】 酸化反応について，次のうち誤っているものはどれか。

(1) 酸素と化合する反応である。
(2) 水素が奪われる反応である。
(3) 電子が奪われる反応である。
(4) 酸素が奪われる反応である。
(5) 酸素数が増大する反応である。

【3】 酸化反応に該当するものは，次のうちどれか。

(1) 硫　黄　→　硫化水素
(2) 　水　　→　水蒸気
(3) 木　炭　→　二酸化炭素
(4) 黄リン　→　赤リン
(5) 濃硫酸　→　希硫酸

【4】 次のうち酸化反応でないものはどれか。

(1) ドライアイスが周囲から熱を奪い気体になる。
(2) 鉄が空気でさびて，ぼろぼろになる。
(3) 炭素が燃焼して，二酸化炭素になる。
(4) ガソリンが燃焼して，二酸化炭素と水蒸気になる。
(5) 硫黄が燃焼して，二酸化硫黄になる。

【5】 下線を引いた物質が還元されているのは，次のうちどれか。

(1) 銅が加熱されて酸化銅になった。
(2) 木炭が燃焼して二酸化炭素になった。
(3) 硫黄が燃焼して二酸化硫黄になった。
(4) 二酸化炭素が赤熱した炭素に触れて一酸化炭素になった。
(5) 水素が燃焼して水になった。

【6】 酸化剤と還元剤について次の説明で誤っているものはどれか。

(1) 他の物質を酸化しやすい性質のあるもの…酸化剤
(2) 他の物質に水素を与える性質のあるもの…還元剤
(3) 他の物質に酸素を与える性質のあるもの…酸化剤
(4) 他の物質を還元しやすい性質のあるもの…還元剤
(5) 他の物質から酸素を奪う性質のあるもの…酸化剤

11. 金 属

1. 金属の性質

① 熱や電気をよく通す（熱伝導性がよい，電気伝導性がよい）。

② 針金や板に加工しやすい（延性や展性に富む）。

③ 光沢を持ち一般に融点が高く，常温（20〔℃〕）では固体である（水銀を除く）。

④ 一般に融点が高いが，100〔℃〕以下で溶融するものもある。

⑤ 金属の中には水より軽いものがある。　例　金属カリウム，金属ナトリウム

⑥ 炎を出して燃焼する金属もある。　例　アルミニウム，鉄粉，銅粉

2. イオン化傾向

イオン化傾向は，金属が溶けて陽イオンになる度合いをいう。

金属は水に触れると電子（e⁻）を失って陽イオン（＋イオン）になる性質がある。

陽イオンになりやすい金属をイオン化傾向の大きなものといい**反応性が強い**。陽イオンになりにくい金属をイオン化傾向の小さなものという。

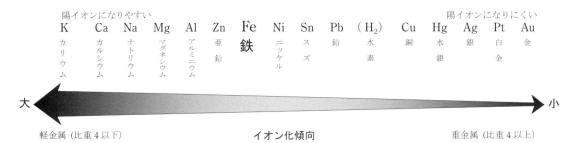

3. 鉄の腐食

① 異なった金属が接触すると，組み合わせによっては鉄の腐食が促進される。

> 上の図より，**左にあるものほどイオン化傾向が大きく，酸化されやすい**。また，電子親和力は小さいので，**鉄より左にある金属**（マグネシウム，アルミニウム，亜鉛など）**と接続すると，鉄は防食作用を受ける。**

② 強アルカリでないアルカリ性溶液中では鉄の腐食が進行する。

> 正常なコンクリート中はpH12以上の強アルカリ性の環境が保たれており，鉄筋等は安定した不動態膜（薄い酸化物皮膜）で覆われている状態となり腐食が進行しない。

③ 温度，湿度の変化が大きいと，湿気が発生しやすくなり，水分により腐食が進む。

④ 酸性の強い環境では酸により鉄が腐食する。

⑤ 塩分（塩化物イオン）が多いと鉄の腐食が進行する。

⑥ 迷走電流が流れている土壌中等にある鉄は腐食が進行する。

⑦ 砂と粘土，コンクリートと土壌，乾燥した土と湿った土など違う土質の場所。

【1】　金属の性質の特徴で誤っているものはどれか。

(1)　常温（20℃）において，液体のものもある。
(2)　電気をよく通す。
(3)　一般に融点が高い。
(4)　展性があるが，延性ははとんどない。
(5)　熱をよく通す。

【2】　次の文章で誤っているものはどれか。

(1)　イオン化傾向は，金属が溶けて陽イオンになる度合いをいう。
(2)　イオン化傾向が大きい金属は，小さい金属より陽イオンになりやすい。
(3)　イオン化傾向の小さい金属ほど反応性が強い。
(4)　硫酸銅水溶液に鉄くぎを入れると，銅，金属が付着する。
(5)　カリウムやナトリウムは常温で水と激しく反応する。

【3】　次のうち，鉄よりもイオン化傾向が大きいものはいくつあるか。
　　　マグネシウム　　銀　　カリウム　　白金　　亜鉛

(1)　1つ
(2)　2つ
(3)　3つ
(4)　4つ
(5)　5つ

【4】　地下に埋設されている危険物配管を電気化学的な腐食から防ぐ方法として異種金属を接続する方法がある。配管が鋼製の場合，接続する金属として次のうち正しいものはどれか。

(1)　銅
(2)　鉛
(3)　アルミニウム
(4)　ニッケル
(5)　スズ

【5】　危険物を取り扱う地下埋設鋼管が腐食して危険物が漏えいする事故が発生しているが，腐食の原因として最も考えにくいものは次のうちどれか。

(1)　常時配管の上部が乾燥し，下部が湿ってるとき。
(2)　被覆が剥離したのに気づかず埋設したとき。
(3)　アルカリ性のコンクリート中に配管を埋設したとき。
(4)　配管と銅が接触しているとき。
(5)　迷走電流の影響が大きいとき。

12. 有機化合物

一般的には, 炭素を含む化合物を**有機化合物**, 炭素を含まない化合物を**無機化合物**としている。**第4類危険物は**ほとんどが**有機化合物**である。

① 共有結合で結びついた構造で, 水に溶けないものが多い。

② 成分元素は**炭素, 水素, 酸素, 窒素, 硫黄, リン等**である。

> *炭化水素*
> 炭素と水素からできている**有機化合物**で, **ガソリン, 灯油, 軽油, 重油, 石炭, 木材**など数多くのものがある。

③ 一般に**可燃性**である。

④ 一般に空気中で**燃えて二酸化炭素と水を生じる**。

⑤ 一般に**水に溶けにくく**, 有機溶剤（アルコール, エーテル等）によく溶ける。

⑥ 反応速度は小さく, またその反応が複雑である。

⑦ 無機化合物に比べ**融点及び沸点の低い**ものが多い。

⑧ 無機化合物に比べ, 比較にならないほど**種類が多い**。

⑨ 一般に電気を伝えない電気の不良導体であるため摩擦等により**静電気が発生しやすく, 蓄積されやすい**。

⑩ 多くは非電解質である。

⑪ 鎖式化合物と環式化合物の2つに大別される。

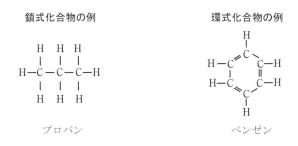

鎖式化合物の例　　　　　　環式化合物の例

プロパン　　　　　　　　　ベンゼン

⑫ 蒸発または分解して発生するガスが炎を上げて燃えることが多い。

⑬ 燃焼に伴って発生する明るい炎は, 高温の炭素粒子が光っているものである。

⑭ 空気の量が少ないとき, 分子中の炭素が多いとき, 発生するすすの量が多くなる。

【1】 有機化合物について，次のうち誤っているものはどれか。

(1) 有機化合物の成分元素は，主に炭素，水素，酸素，窒素などである。

(2) 有機化合物の多くは，水に溶けにくい。

(3) 有機化合物は，無機化合物に比べ，融点または沸点の低いものが多い。

(4) 有機化合物は，鎖式化合物と環式化合物の 2 つに大別される。

(5) 有機化合物は，一般に不燃性である。

【2】 有機化合物に関する説明として，次のうち正しいものはどれか。

(1) 有機化合物は，一般に融点が高いものが多い。

(2) 有機化合物は，種類は少ない。

(3) ほとんどのものは水によく溶ける。

(4) 危険物の中には，有機化合物に該当するものはない。

(5) 完全燃焼すると，二酸化炭素と水蒸気になるものが多い。

【3】 有機化合物について，次のうち誤っているものはどれか。

(1) 化合物の種類は非常に多いが，構成する元素の数は少ない。

(2) 蒸発又は分解して発生するガスが炎を上げて燃えることが多い。

(3) 燃焼に伴って発生する明るい炎は，高温の炭素粒子が光っているものである。

(4) 無機化合物と比べて融点や沸点が高い。

(5) 炭素原子が多数結合したものには，鎖状構造の他にシクロヘキサンやベンゼンのような環状構造をもつものもある。

【4】 炭素と水素からなる有機化合物が完全燃焼したときに生成する物質として，次のうち正しいものはどれか。

(1) 不飽和炭化水素

(2) 飽和炭化水素

(3) 有機過酸化物

(4) 飽和炭化水素と水

(5) 二酸化炭素と水

2. 燃　焼

燃焼とは，「熱と光の発生を伴う酸化反応」である。

1. 燃焼の3要素

　物質が燃焼するためには，**可燃物**，**酸素供給源**，**点火源**の3要素が必要であり，このうちどれか1つが欠けても燃焼しない。また，燃焼は分子が次々に活性化されて継続的に酸化反応を続けることにより進行する。この連鎖反応を燃焼の要素に加えて**燃焼の4要素**ということもある。

> ・　普通の燃焼には酸素が必要である。空気中には約21〔%〕の酸素が含まれ，
> 　一般的には空気が酸素供給源であるが，第1類・第5類・第6類の危険物は，
> 　酸素を多く含んでおり空気がなくても燃える。
> ・　酸素濃度を高くすれば燃焼は激しくなる。
> ・　空気中の酸素が限界酸素濃度（約15〔%〕）以下になれば燃焼は停止する。

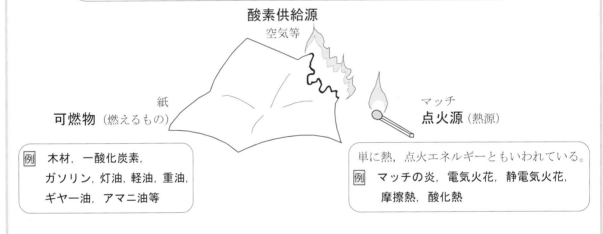

酸素供給源
空気等

紙
可燃物（燃えるもの）

マッチ
点火源（熱源）

> 例　木材，一酸化炭素，
> 　　ガソリン，灯油，軽油，重油，
> 　　ギヤー油，アマニ油等

> 単に熱，点火エネルギーともいわれている。
> 例　マッチの炎，電気火花，静電気火花，
> 　　摩擦熱，酸化熱

空　気	① 酸素と窒素の混合物 ② 酸素 約21〔%〕 ③ 窒素 約78〔%〕 ※不燃性ガス，燃焼には無関係
酸　素	① 無色，無臭　　② 比重1.1（空気より重い）　③ 酸素自身は燃焼しない　④ 支燃性を有する
一酸化炭素	① 無色無臭の有害な気体 ② 可燃物で，無煙の青白い炎をあげて燃焼し，二酸化炭素になる ③ **一般に有機物が不完全燃焼したときに生成する**
二酸化炭素	① 無色無臭の気体　② 空気より重い　③ 不燃性 ④ 水に溶けやすい　⑤ 毒性なし（窒息性あり）
完全燃焼	例 炭素が燃焼したとき，完全燃焼すると，二酸化炭素を発生する。
不完全燃焼	例 炭素が燃焼したとき，不完全燃焼すると，一酸化炭素を発生する。

【1】 燃焼の一般論について，次のうち誤っているものはどれか。

(1) 燃焼は発熱，発光を伴う酸化反応である。

(2) 可燃物はどんな場合でも空気がなければ燃焼しない。

(3) 可燃物と空気が接触していても，着火エネルギーが与えられなければ燃焼は起こらない。

(4) 液体の可燃物は，沸点が低いものは火がつきやすい。

(5) 固体の可燃物は，細かく粉砕されているものは火がつきやすい。

【2】 燃焼の3要素がそろっている組合せは，次のうちどれか。

(1) ヘリウム 　　　空気 　　　　　ライターの炎

(2) 空気 　　　　　硝酸 　　　　　炎

(3) 二酸化炭素 　　炭素 　　　　　電気火花

(4) 水 　　　　　　炭素 　　　　　静電気火花

(5) ガソリン 　　　酸素 　　　　　電気火花

【3】 燃焼の3要素について，次のうち誤っているものはどれか。

(1) 可燃性物質には灯油等の酸化されやすいものが挙げられる。

(2) 可燃性物質の燃焼には，約15％以下の酸素が必要である。

(3) 空気には酸素が含まれており，酸素供給体の役目をする。

(4) 熱源にはマッチの炎，電気火花・静電気火花等が挙げられる。

(5) ガソリン，静電気火花，空気は燃焼の3要素として挙げられる。

【4】 燃焼に関する説明として，次のうち誤っているものはどれか。

(1) 可燃物，酸素供給源及び点火源を燃焼の3要素という。

(2) 二酸化炭素は可燃物ではない。

(3) 気化熱や融解熱は点火源になる。

(4) 酸素供給源は必ずしも空気とは限らない。

(5) 金属の衝撃火花や静電気の火花放電は点火源になることがある。

【5】 一般の燃焼について，次のうち誤っているものはどれか。

(1) 物質が酸素と反応して酸化物が生成する反応のうち熱と光の発生を伴うものを燃焼という。

(2) 燃焼が起こるには反応物質としての可燃物と酸素供給源及び反応を開始させるための着火エネルギーが必要である。

(3) 酸化反応のすべてが燃焼に該当する訳ではない。

(4) 有機物の燃焼は酸素の供給が不足すると一酸化炭素を発生し，不完全燃焼となる。

(5) 燃焼に必要な酸素の供給源は一般的に空気であり，可燃物自身が含有する酸素は酸素供給源となることはない。

【6】 酸素について，次のうち誤っているものはどれか。

(1) 通常無味，無臭の気体である。

(2) 非常に燃えやすい物質である。

(3) 酸素が多く存在すると，可燃物の燃焼が激しい。

(4) 空気中には約 21〔%〕（容量）含まれている。

(5) 支燃性を有する物質である。

【7】 次の文の（ ）内の A～C に当てはまる語句の組合せはどれか。

「木炭が完全燃焼をすると（A）を生じるが，不完全燃焼の場合は（B）を生じる。また，炭素と水素の化合物である炭化水素が完全燃焼すると（A）のほかに（C）も生じる」

	A	B	C
(1)	灰	二酸化炭素	水
(2)	水蒸気	二酸化炭素	一酸化炭素
(3)	一酸化炭素	灰	二酸化炭素
(4)	二酸化炭素	一酸化炭素	水蒸気
(5)	水	水蒸気	一酸化炭素

【8】 次の文の（ ）内の A～C に当てはまる語句の組合せとして正しいものはどれか。

「物質が酸素と結合して（A）を生成する反応のうち（B）の発生を伴うものを燃焼という。有機物が燃焼する場合は（A）に変わるが，酸素の供給が不足すると生成物に（C），すすの割合が多くなる。」

	A	B	C
(1)	酸化物	熱と光	二酸化炭素
(2)	還元物	熱と光	一酸化炭素
(3)	酸化物	煙と炎	二酸化炭素
(4)	酸化物	熱と光	一酸化炭素
(5)	還元物	煙と炎	二酸化炭素

2. 燃焼の形態

気体の燃焼

予混合燃焼 　最初から可燃性の気体と空気とを混合させてこれを噴出燃焼させる。

　例　都市ガスの燃焼
　　　プロパンガスの燃焼

空気と混合して
そのまま燃焼する。

ガスバーナー

拡 散 燃 焼 　可燃性の気体を空気中に噴出させ，可燃性の気体と大気中の空気とをその直後に混合させて拡散燃焼させる。

　例　ガソリンエンジンの起動

ガソリンの混合気を圧縮し，密閉して点火すると爆発し，エンジンが起動する。

点火

爆発

圧縮

液体の燃焼　── **蒸発燃焼** 　液体の表面から発生する蒸気（可燃性蒸気）が空気と混合して燃焼する。

　例　ガソリン，灯油，エチルエーテル

可燃性蒸気が
燃えている

すき間

ガソリン

可燃性蒸気の性質
- 無色
- 特有の臭気
- 目に見えない
- 空気より重いので，低所に滞留する

固体の燃焼

表面燃焼 　**木炭，コークス**等の可燃性固体が熱分解や蒸発をせずに，固体の表面から高温を保ちながら酸素と反応して燃焼する。

木炭

分解燃焼 　**木材，石炭，プラスチック**等の可燃性固体が熱分解し，そこで生じる可燃性ガスが燃焼する。

自己燃焼
内部燃焼 　**セルロイド，ニトロセルロース，硝酸メチル**等の第1類・第5類・第6類の危険物は分解して酸素を放出し，外部から酸素を供給されなくても燃焼が続く。

蒸発燃焼 　**硫黄，固形アルコール，ナフタリン**等の可燃性固体が熱分解を起こさず，固体から蒸発した蒸気が燃焼する。

固形アルコール

【1】 可燃性ガスと空気あるいは酸素が，あらかじめ混ざり合い点火源を近づけることにより燃焼するものは次のうちのどれか。

(1) 表面燃焼
(2) 予混合燃焼
(3) 拡散燃焼
(4) 蒸発燃焼
(5) 分解燃焼

【2】 燃焼の仕方について，次のうち正しいものはどれか。

(1) ガソリンのように発生した蒸気がその液面上で燃焼することを表面燃焼という。
(2) セルロイドのように分子内に含有する酸素によって燃焼することを分解燃焼という。
(3) 水素のように気体がそのまま燃焼することを内部(自己)燃焼という。
(4) コークスのように分解や蒸発することなく固体が直接燃焼することを直接燃焼という。
(5) 灯油のように発生した蒸気が燃焼することを蒸発燃焼という。

【3】 次の A〜E に掲げる物質の主な燃焼形態で正しいものの組合せは次のうちどれか。

A. 石炭，固形アルコール ························表面燃焼
B. なたね油，コークス ·······················蒸発燃焼
C. 灯油，硫黄 ·······························蒸発燃焼
D. 石炭，プラスチック ·······················分解燃焼
E. ニトロセルロース，アセトン ··············内部（自己）燃焼

(1) AとB   (2) BとC   (3) CとD
(4) DとE   (5) AとE

【4】 可燃物と燃焼の仕方との組合せとして，次のうち誤っているものはどれか。

(1) セルロイド ···························· 内部（自己）燃焼
(2) ガ ソ リ ン ···························· 蒸発燃焼
(3) 木　　　炭 ···························· 表面燃焼
(4) 重　　　油 ···························· 表面燃焼
(5) 灯　　　油 ···························· 蒸発燃焼

【5】 次の A〜E の物質のうち，1 気圧，常温において燃焼形態が蒸発燃焼である組合せはどれか。

A 灯油   B 木炭   C プロパンガス
D 硫黄   E 石炭

(1) AとC   (2) BとD   (3) CとE
(4) AとD   (5) BとE

【6】 燃焼に関する説明として，次のうち誤っているものはどれか。

(1) ニトロセルロースは，分子内に多量の酸素を含有し，その酸素が燃焼に使われる。これを内部燃焼という。

(2) 木炭は熱分解や気化することなく，そのまま高温状態となって燃焼する。これを表面燃焼という。

(3) 硫黄は融点が発火点より低いため融解し，更に蒸発して燃焼する。これを蒸発燃焼という。

(4) 石炭は熱分解によって生じた可燃性ガスがまず燃焼する。これを分解燃焼という。

(5) 灯油は，液面から発生した蒸気が燃焼する。これを表面燃焼という。

【7】 次の文についての記述として，正しいものはどれか。

(1) 酸素濃度を高くすれば燃焼は激しくなる。

(2) 木炭，コークスなどの燃焼を分解燃焼という。

(3) 可燃性液体は，発生した蒸気が，そのまま燃焼するので内部（自己）燃焼という。

(4) 硫黄のように，可燃性固体が熱分解を起こさず表面で燃焼することを表面燃焼という。

(5) 分子内に酸素を含んでいる物質の燃焼を表面燃焼という。

【8】 可燃性液体の通常の燃焼の仕方として，次のうち正しいものはどれか。

(1) 液表面で空気と接触しながら液体のまま燃える。

(2) 液体内部に空気を吸収しながら燃える。

(3) 液体内部の加熱された部分から燃焼が起こり次第に表面に広がる。

(4) 液体の表面から発生する蒸気が空気と混合して燃える。

(5) 液体内部で燃焼が起こり，その燃焼生成物が炎となって液面に出る。

【9】 次の文の（ ）内の A～E に当てはまる語句の組合せはどれか。

「可燃性液体の燃焼は，その蒸気と（A）との混合気体の燃焼である。この混合気体は蒸気の濃度が濃すぎても薄すぎても（B）。

可燃性液体の蒸気は空気より（C）ものが多い。したがって床面，地盤面などに沿って（D）流れ，遠くまで達することがある。また，くぼみがあると，（E）することがあり，危険である。」

	A	B	C	D	E
(1)	酸素	燃焼する	重い	低く	蒸気を発生
(2)	空気	燃焼する	軽い	低く	滞留
(3)	空気	燃焼しない	重い	低く	蒸気を発生
(4)	水素	燃焼する	軽い	高く	蒸気を発生
(5)	空気	燃焼しない	重い	低く	滞留

3. 燃焼の難易

　物質の燃焼は，**物性値**（物質が持っている性質をある尺度で表したもの）や条件で，燃焼のしやすさ（難易）が変わる。

物性値が大きいほど燃えやすい	物性値が小さいほど燃えやすい
・燃焼範囲 ・燃焼速度 ・火炎伝播速度 ・燃焼熱（発熱量） ・蒸気圧（温度上昇とともに大きくなる） ・空気（酸素）との接触面積 ・温度 ・酸素との結合力（化学的親和力）	・燃焼範囲の下限界 ・引火点　　　　　　・発火点 ・最小着火エネルギー（着火爆発できる着火源の最小エネルギー） ・電気伝導度（伝導度が小さいと電気抵抗が大きくなり，静電気が発生，帯電しやすくなる） ・沸点（低い温度で蒸気が発生する） ・比熱（少ない熱で温度が上昇する） ・熱伝導率

① 可燃性ガスが発生しやすいものほど燃えやすい。

② 酸化されやすいものほど燃えやすい。

③ 乾燥しているものほど燃えやすい。

④ 細かく粉砕されているものほど燃えやすい。

⑤ 布に灯油が浸みこむと，放熱が妨げられ熱伝導率が小さくなるので，火がつきやすい。

===== 練習問題 =====

【1】　燃焼の難易に関する説明として，次のうち正しいものはどれか。

　(1)　沸点，引火点が，低いものほど蒸気が発生しやすく引火しやすい。

　(2)　熱伝導率の大きいものほど燃えやすい。

　(3)　密度が大きいものほど燃えやすい。

　(4)　可燃性ガスの発生が少ないものほど燃えやすい。

　(5)　水分の含有量が多いものほど燃えやすい。

【2】　危険物の性質のうち，燃焼のしやすさに直接関係のないものは次のうちどれか。

　(1)　引火点が低いこと。　　　　　(2)　発火点が低いこと。

　(3)　酸素と結合しやすいこと。　　(4)　燃焼範囲が広いこと。

　(5)　気化熱が大きいこと。

【3】　燃焼の難易と直接関係のないものは，次のうちどれか。

　(1) 体膨張率　　(2) 熱伝導率　　(3) 発熱量　　(4) 空気との接触面積　　(5) 含水量

【4】　可燃性液体の危険性は，その物質の物理的，化学的性質を知り，物性の数値の大小によって判断できる。次のうち数値が大きい程危険であるものはどれか。

　(1)　電気伝導度　　　　　　(2)　引火点　　　　　　(3)　火炎伝播速度

　(4)　燃焼範囲の下限界　　　(5)　最小着火（発火）エネルギー

4. 引火点

引火点とは，可燃性液体に点火源を近づけたときに燃え出す最低温度である。

可燃性液体が引火するのに十分な（燃焼範囲の下限値に相当する）濃度の蒸気を液面上に発生する最低液温である。

点火源

例

灯油の引火点 40〔℃〕
の場合

蒸気が少ない

引火しない

20〔℃〕(常温)

引火する

40〔℃〕

下限界の蒸気を発生

灯油や軽油などは常温（20〔℃〕）では引火しないが，液温が引火点以上になるとガソリン同様の引火の危険がある。

① 引火点が低いものは，低い温度でも蒸気を多く出すので引火の**危険性は大きい**。

② 引火点の高い油類でも，霧状や布に浸みこんだものは火がつきやすい。

= = = 練習問題 = = =

【1】 次の文についての記述として，正しいものはどれか。

「ある可燃性液体の引火点は，50〔℃〕である。」

(1) 液温が 50〔℃〕になると発火する。

(2) 気温が 50〔℃〕になると自然に発火する。

(3) 気温が 50〔℃〕になると燃焼可能な濃度の蒸気を発生する。

(4) 液温が 50〔℃〕になると液面に点火源を近づければ，火がつく。

(5) 液温が 50〔℃〕になると蒸気を発生し始める。

【2】 引火点の説明として，次のうち正しいものはどれか。

(1) 引火点とは，可燃性液体が燃焼範囲の上限値の濃度の蒸気を発生する液温をいう。

(2) 可燃物から，蒸気を発生させるのに必要な最低の液温をいう。

(3) 可燃物を空気中で加熱したとき，他から点火されなくても燃え出すときの液温をいう。

(4) 可燃性液体を空気中で点火するとき，燃え出すのに必要な最低の濃度の蒸気が，液面上に発生する液温をいう。

(5) 発火点と同じもので，その可燃物が気体または液体の場合に引火点といい，固体の場合には発火点という。

5. 発火点

　可燃物を空気中で加熱した場合，炎，火花などの**点火源がなくても，おのずから燃え始めると**きの最低の温度を発火点という。

①　発火点が低いほど危険性が大きい。

②　引火点が低いものが，発火点が低いとは限らない。

加　熱

　第4類の危険物の中には，火源がなくても加熱されただけで発火するものもあるので，発火点の低いものは温度管理が重要である。

〔例〕　二硫化炭素90℃，アセトアルデヒド175℃，ジエチルエーテル160℃

━━━━━ 練習問題 ━━━━━

【1】　発火点について，次のうち正しいものはどれか。

(1)　可燃性物質を空気中で加熱した場合，炎，火花などを近づけなくても，自ら燃え出すときの最低温度をいう。

(2)　可燃性物質から継続的に可燃性気体を発生させるのに必要な温度をいう。

(3)　可燃性物質を燃焼させるのに必要な，点火源の最低温度をいう。

(4)　可燃性物質が燃焼範囲の上限界の濃度の蒸気を発生するときの液温をいう。

(5)　可燃性物質を加熱した場合，空気がなくても，自ら燃え出すときの最低温度をいう。

【2】　「ある可燃性物質の発火点は300℃である。」この文の意味として正しいものはどれか。

(1)　300℃に加熱した熱源があると瞬時に燃え出す。

(2)　300℃に加熱すると火源があると燃える。

(3)　300℃以下の加熱では火源があっても燃えない。

(4)　300℃以上に加熱すると燃焼範囲の可燃性気体が発生する。

(5)　300℃に加熱すると自ら燃え出す。

6. 燃焼範囲

　第4類の危険物の蒸気と空気との混合物は，その混合割合がある範囲内のときだけ燃焼（爆発）する。この範囲で危険物の蒸気の含有率が最小のものを**燃焼下限界**，最大のものを**燃焼上限界**，その間を**燃焼範囲（爆発範囲）**といい，可燃性蒸気の全体に対する容量〔%〕で表す。

$$蒸気濃度（vol\%）＝\frac{蒸気量}{蒸気量＋空気量}×100$$

　たとえば，ガソリンの燃焼範囲が 1.4〔vol%〕～7.6〔vol%〕ということは，ガソリンと空気の混合気体の容積を 100 とすると，その中にガソリン蒸気が 1.4〔vol%〕～7.6〔vol%〕含まれている場合に点火すると燃焼する。

① 燃焼下限界が低いもの，燃焼範囲が広いものほど危険性が高い。
② 油類の容器は空になっても危険な場合がある。これは燃焼範囲の濃度の可燃性蒸気が残っていることがあるからである。

===== 練習問題 =====

【1】　可燃性蒸気の燃焼範囲の説明として，次のうち正しいものはどれか。

(1) 燃焼するのに必要な酸素量の範囲のことである。
(2) 燃焼によって被害を受ける範囲のことである。
(3) 空気中において，燃焼することができる可燃性蒸気の濃度範囲のことである。
(4) 可燃性蒸気が燃焼を開始するのに必要な熱源の温度範囲のことである。
(5) 燃焼によって発生するガスの濃度範囲のことである。

【2】　「ある可燃性液体の引火点が 40〔℃〕，燃焼範囲の下限（値）が 1.4〔vol%〕，上限（値）が 7.6〔vol%〕である。」

　この記述について，次のうち誤っているものはどれか。

(1) 液温が 40〔℃〕になれば，液体表面に生ずる可燃性蒸気の濃度は 7.6〔vol%〕となる。
(2) この液体の蒸気 10〔ℓ〕と 150〔ℓ〕の混合気体中で電気スパークを飛ばすと燃焼する。
(3) 液温が 40〔℃〕以上になれば引火する。
(4) 空気との混合気体の濃度が 7.6〔vol%〕を超えると点火源を与えても燃焼しない。
(5) 液温が 40〔℃〕のとき，液体表面に燃焼範囲の下限の濃度の混合気体が存在する。

【3】 次の文を正しく説明しているものはどれか。

「ガソリンの燃焼範囲の下限値は 1.4 〔vol%〕である。」

(1) 空気 100 〔ℓ〕にガソリン蒸気 1.4 〔ℓ〕を混合した場合は点火すると燃焼する。

(2) 空気 100 〔ℓ〕にガソリン蒸気 1.4 〔ℓ〕を混合した場合は長時間放置すれば自然発火する。

(3) 内容積 100 〔ℓ〕の容器内に空気 1.4 〔ℓ〕とガソリン蒸気 98.6 〔ℓ〕の混合気体が入っている場合は，点火すると燃焼する。

(4) 内容積 100 〔ℓ〕の容器中にガソリン蒸気 1.4 〔ℓ〕と空気 98.6 〔ℓ〕の混合気体が入っている場合は，点火すると燃焼する。

(5) ガソリン蒸気 100 〔ℓ〕に空気 1.4 〔ℓ〕を混合する場合は，点火すると燃焼する。

【4】 次の文から，引火点及び燃焼範囲の下限界の数値として考えられる組合せは (1) ～ (5) のうちどれか。

「ある引火性液体は，液温 40 〔℃〕で液面付近に濃度 8 〔vol%〕の可燃性蒸気を発生した。この状態でマッチの火を近づけたところ，引火した。」

	引火点	燃焼範囲の下限界
(1)	25 〔℃〕	10 〔vol%〕
(2)	30 〔℃〕	6 〔vol%〕
(3)	35 〔℃〕	12 〔vol%〕
(4)	40 〔℃〕	15 〔vol%〕
(5)	45 〔℃〕	4 〔vol%〕

【5】 ある危険物の燃焼範囲は次のようである。

下限値 1.4 〔vol%〕　　　　上限値 7.6 〔vol%〕

100 〔ℓ〕の空気と混合させその均一な混合気体に電気火花を発したとき，燃焼可能な当該危険物の蒸気量は次のうちどれか。

(1) 1 〔ℓ〕

(2) 5 〔ℓ〕

(3) 10 〔ℓ〕

(4) 15 〔ℓ〕

(5) 20 〔ℓ〕

【1】 次の文の（　　）内に当てはまる語句はどれか。

「可燃物が空気中で加熱され，炎や火花などで点火しなくても燃え始めるときの最低の温度を（　　）という。」

(1) 燃焼点

(2) 引火点

(3) 発火点

(4) 燃焼範囲の下限界

(5) 分解温度

【2】 次の性状を有する可燃性液体で，正しいものはどれか。

引 火 点 ………………………………………… −18〔℃〕

燃焼範囲 ………………………………………… 2.6〜12.8〔vol%〕

沸　　　点 ………………………………………… 56.5〔℃〕

蒸気比重（空気＝1） ………………………… 2.0

液 比 重 ………………………………………… 0.79

(1) この液体の蒸気35〔vol%〕，空気65〔vol%〕からなる均一な混合気体が入っている容器内に，火花を飛ばしても火はつかない。

(2) 常温（20〔℃〕）では，炎，火花などを近づけても火はつかない。

(3) 56.5〔℃〕になるまでは可燃性の蒸気は発生しない。

(4) この液体の蒸気の重さは空気の重さの2分の1である。

(5) この液体2〔kg〕の容量は1.58〔ℓ〕である。

【3】 次の表に揚げる性質を有する可燃性液体について，正しいものはどれか。

液 比 重	0.87
蒸気比重	3.1
引 火 点	4.4〔℃〕
発 火 点	480〔℃〕
沸　　　点	111〔℃〕

(1) 空気中で引火するのに十分な濃度の蒸気を液面上に発生する最低の液温は，4.4〔℃〕である。

(2) この液体2〔kg〕の容量は1.74〔ℓ〕である。

(3) 炎を近づけても，480〔℃〕になるまでは燃焼しない。

(4) 111〔℃〕になるまでは，飽和蒸気圧を示さない。

(5) 発生する蒸気の重さは空気の重さの約3分の1である。

7. 自然発火

自然発火とは，他から火源を与えられなくてもその物質が空気中で酸素等と反応し，発熱した その熱が蓄積されてついに発火点に達し，自然に発火することである。

発熱原因	発熱物質
酸化熱	乾性油，石炭，ゴム粉等
分解熱	ニトロセルロース，セルロイド等
吸着熱	木炭粉末，活性炭，原綿等
発酵熱	堆肥，ゴミ等

自 然 発 火

① 動植物油類の乾性油はヨウ素価 (p. 80 参照) が高い（不飽和結合が多い）ために空気中の 酸素と結合しやすい。このとき発生した熱が蓄積されると自然発火を起こす。
　　乾性油にはヒマワリ油，キリ油，アマニ油等がある。

② 粉末状，多孔質または繊維状の物質は表面積が大きいので酸化されやすく，また熱伝導率 が小さいので熱が蓄積されやすい。

===== 練習問題 =====

【1】　次の自然発火に関する文の A〜E に当てはまる語句の組合せはどれか。
　　「自然発火とは，他から火源を与えないでも，物質が空気中で常温において自然に（ A ） し，その熱が長時間蓄積されて，ついに（ B ）に達し，燃焼を起こすに至る現象である。 自然発火性を有する物質が，自然に発熱を起こす原因として，（ C ），（ D ）吸着熱，発酵熱 などが考えられる。
　　多孔質，粉末状または繊維状の物質が自然発火を起こしやすいのは，空気に触れる面積が 大で，酸化を受けやすいと同時に，（ E ）が小で保温効果が働くために熱の蓄積が行われ やすいからである。」

	A	B	C	D	E
(1)	発熱	引火点	分解熱	酸化熱	熱伝導度
(2)	酸化	発火点	燃焼熱	生成熱	電気伝導度
(3)	発熱	発火点	酸化熱	分解熱	熱伝導度
(4)	酸化	燃焼点	燃焼熱	生成熱	燃焼速度
(5)	発熱	引火点	分解熱	酸化熱	電気伝導度

3. 消　火

　燃焼するためには燃焼の3要素である**可燃性物質**，**酸素供給源**，**点火源**（熱源）が必要であるため，消火するには，このうちの1つを取り除けばよい。これが**消火の3要素**である。

　また，これ以外に酸化反応を遮断する作用を利用した**抑制（負触媒）消火**がある。これを含めると**消火の4要素**になる。

1. 消火の方法と消火剤

☆印は　第4類危険物（油火災）の消火に効果的な消火剤

1. 除去消火

　可燃性物質を取り除いて消火する。

例　　・ガスの栓をしめる。
　　　・ローソクの火を息で吹き消す。
　　　・油田火災で爆発の爆風により可燃性蒸気を吹き飛ばす。
　　　・森林火災で木を切り倒す。

栓をしめる

2. 窒息消火

　酸素の供給を絶つことにより消火する方法であり，酸素濃度が約15〔%〕以下になると燃焼の継続が困難になる。一般的に，空気中の酸素が供給されることが多いので，土，砂，布団，むしろ等で燃焼物をおおうことで酸素の供給を絶つ。

天ぷらなべに
ふたをする

3. 水消火剤 (水)

① 蒸発熱，比熱が大きいので冷却効果が大きく，棒状あるいは霧状に放射して使用される。
② 気化により発生した水蒸気は体積が約**1,700**倍に膨張するので窒息効果がある。
③ 油類の火災に使用すると，水に油が浮き，火面を拡大する危険性があるので使用できない。
④ **電気火災では霧状に放射する。**
⑤ 水による損害が比較的大きい。

油火災に水を使うと
火面が広がるので危険

4．酸・アルカリ消火剤（炭酸水素ナトリウム，硫酸）

① 炭酸水素ナトリウム水溶液と硫酸とが反応した二酸化炭素は圧力源として放射され，消火剤となり，冷却効果・窒息効果がある。

② 炭酸水素ナトリウム水溶液は経年劣化するので定期的に詰め替えが必要である。

☆ 5．強化液消火剤（炭酸カリウム）

① 水による冷却効果と溶液中のアルカリ金属による抑制効果があるので，消火後の再燃防止効果もある。木材等の火災に使用できる。

② 霧状にした場合は抑制効果により油，電気火災にも有効である。

③ −20℃でも凍結しないので，寒冷地でも使用できる。

☆ 6．泡消火剤（炭酸ナトリウム，硫酸アルミニュウム，合成界面活性剤泡，水成膜泡）

① 燃焼物を泡でおおうことにより窒息効果と成分としての水による冷却効果がある。

② 電気火災には感電の恐れがあるので使用できない。油火災に適する。

③ 発泡機構などにより，化学泡と機械泡（空気泡）に分類される。

☆ 7．ハロゲン化物消火剤（ブロモクロロジフルオロメタンなど）

① ハロゲン化物は熱により蒸発し，空気より重い不燃性ガスとなり窒息，抑制効果がある。

② ハロゲン化物は電気の不良導体のために電気火災・油火災に使用できる。

③ 固体の表面に付着しにくいので普通火災には使用できない。

☆ 8．二酸化炭素消火剤（不活性ガス）

① 空気より重い不燃性ガスにより，酸素濃度を下げる窒息効果と，蒸発熱による冷却効果がある。

② 二酸化炭素は電気の不良導体のために電気火災，石油類の火災にも使用できる。

③ 室内で使用すると酸欠状態になる。

④ 化学的に安定であり，長期的に貯蔵可能である。

⑤ 固体の表面に付着しにくいので普通火災には使用できない。

☆ 9．粉末消火剤（リン酸アンモニウム，炭酸水素ナトリウム，炭酸水素カリウム）

① 燃焼の連鎖を化学的に抑制する負触媒（抑制）効果と窒息効果があり，石油類の火災に使用できる。

② 薬剤は電気の不良導体のために電気火災に使用できる。

【1】 消火方法と，その主な消火効果との組合せとして，次のうち正しいものはどれか。

(1) 容器内の灯油が燃えていたので，ふたをして消した。·· 窒息効果

(2) 少量のガソリンが燃えていたので，二酸化炭素消火器で消した。······ 除去効果

(3) 容器内の軽油が燃えていたので，ハロゲン化物消火器で消した。······ 冷却効果

(4) 天ぷら鍋の油が燃えていたので，粉末消火器で消した。····················· 冷却効果

(5) 油ぼろが燃えていたので，乾燥砂で覆って消した。···························· 抑制(負触媒)効果

【2】 消火剤について，次のうち誤っているものはどれか。

(1) 泡消火剤は，発泡機構などにより，化学泡と機械泡（空気泡）とに分類される。

(2) 不活性ガス消火剤は不燃性ガスであり，空気より重い性質を利用した消火剤である。

(3) リン酸塩類を主成分とする消火粉末は，電気設備の火災のみに対応する。

(4) 強化液消火剤は，アルカリ金属塩の濃厚な水溶液であり，冷却効果と再燃防止効果がある。

(5) 水は比熱，気化熱がともに大きいため，冷却効果が大きい。

【3】 消火設備の消火剤とその主たる消火効果について，次のうち誤っているものはどれか。

(1) 水······························水蒸気になると体積が約 1,700 倍に膨張するので窒息効果がある。

(2) ハロゲン化物消火剤······ハロゲン化物は電気の不良導体のために電気火災に使用できる。

(3) 泡······························燃焼物を泡でおおうことにより窒息効果と成分としての水による冷却効果がある。

(4) 消火粉末······················薬剤は電気の不良導体のために電気火災に使用できる。

(5) 二酸化炭素··················容器に液体で充填されており，放出時に気化して燃焼の連鎖反応を断ち切る負触媒効果（抑制効果）がある。

【4】 強化液消火剤に関する説明として，次のうち誤っているものはどれか。

(1) 霧状にして放射すれば，電気火災に対しても適応性がある。

(2) 消火後の再燃防止の効果がある。

(3) 油火災に対しての，霧状放射は効果がない。

(4) 凝固点が低いので，寒冷地での使用に適している。

(5) 炭酸カリウムの濃厚な水溶液である。

【5】　火災と，その火災に適応する消火器との組合せとして，次のうち誤っているものはどれか。

(1)　電気火災…………泡消火器

(2)　油火災……………不活性ガス消火器

(3)　電気火災…………ハロゲン化物消火器

(4)　普通火災…………強化液消火器

(5)　油火災……………粉末（リン酸塩類）消火器

【6】　消火器，消火剤の主成分及びそれぞれの消火効果との組合せについて，次のうち誤っているものはどれか。

	消火器	消火剤の主成分	消火効果
(1)	強化液消火器	炭酸カリウム	冷却作用，抑制作用
(2)	化学泡消火器	炭酸水素ナトリウム 硫酸アルミニウム	窒息作用
(3)	機械泡消火器	合成界面活性剤泡 または水成膜泡	窒息作用，冷却作用
(4)	二酸化炭素消火器	炭酸水素ナトリウム	窒息作用，冷却作用
(5)	粉末消火器	リン酸アンモニウム	抑制作用，窒息作用

【7】　油火災及び電気火災の両方に適応した消火剤の組合せで，次のうち正しいものはどれか。

(1)　ハロゲン化物　　　　泡　　　　二酸化炭素

(2)　ハロゲン化物　　霧状の強化液　　消火粉末

(3)　消火粉末　　二酸化炭素　　棒状の強化液

(4)　二酸化炭素　　　　泡　　　霧状の強化液

(5)　棒状の強化液　　ハロゲン化物　　消火粉末

【8】　消火に関する説明として，次のうち誤っているものはどれか。

(1)　ハロゲン化物による消火は，主として冷却効果によるものである。

(2)　機械泡（空気泡）による油火災の消火は，主として窒息効果によるものである。

(3)　水は比熱及び気化熱が大きいため，冷却効果が大きい。

(4)　リン酸アンモニウムの消火粉末は，普通火災，油火災及び電気火災に使用できる。

(5)　二酸化炭素の主たる消火効果は窒息である。

乙種第4類　合格テキスト
解　答

第1章 基礎的な物理学及び基礎的な化学

1. 物理・化学に関する基礎知識 (p.2)

1. 物質の状態変化 (p.3)

【1】(3)　液体が固体になることを凝固という。

【2】(5)　気体が冷やされて液体になることを凝縮という。

【3】(1)　略

【4】(4)　略

【5】(5)　略

【6】(3)　−114.5〔℃〕から78.3〔℃〕までは，この物質は液体の状態である。

2・3. 密度と比重・熱とその移動 (p.7〜p.8)

【1】(3)　略

【2】(1)　熱の対流による。

【3】(5)　熱伝導率が大きいと熱が伝わりやすいため蓄積しない。物体が黒いものほど熱をよく吸収する。鉄は熱伝導である。

【4】(5)　熱伝導率は，一般に固体，液体，気体の順に小さくなる。

【5】(4)　略

【6】(5)　熱容量の大きいものは温まりにくく冷めにくい。

【7】(3)　略

【8】(3)　略

【9】(2)　$Q=200×1.26×(35-10)=6300$〔J〕$=6.3$〔kJ〕

4. 熱膨張 (p.10)

【1】(4)　略

【2】(4)　略

【3】(4)　$V=1000×1.35×10^{-3}×(35-15)=27.0$〔ℓ〕

【4】(3)　増加体積は$1020-1000=20$〔ℓ〕

　　　　　$1000×1.35×10^{-3}×(x-0)=20$　$x=14.8$〔℃〕

5. 熱化学方程式 (p.11)

【1】(3)　CO_2+2H_2O の式より。

【2】(2)　炭素1〔mol〕(12〔g〕)が燃焼すると，392.2〔kJ〕の熱が発生する。　　$\dfrac{784.4}{392.2}×12=24.0$〔g〕

6. 静電気 (p.13)

【1】(2)　電気的に絶縁すると，静電気が蓄積する。

【2】(4)　略

【3】(5)　静電気と液体の蒸発とは関係がない。

【4】(1)　D が誤り

【5】(4)　略

7. 物

【1】

【2】(3)

【3】(4)　A は化学変化，C は化学変化，D は化学変化，E は物理変化。

8. 物質の分類 (p.16)

【1】(4)　食塩水は混合物である。

【2】(4)　略

【3】(5)　二酸化炭素は，炭素と酸素の化合物である。

【4】(3)　略

【5】(4)　B は異性体，C は同位体(性質は同じだが質量数が異なる)，E は気体か固体かの違い。

9. 酸と塩基 (p.17)

【1】(3)　略

【2】(3)　略

【3】(3)　略

10. 酸化と還元 (p.19)

【1】(4)　略

【2】(4)　酸素が奪われる反応は還元反応である。

【3】(3)　(1)は還元反応　(2)は蒸発現象，(5)は希釈　(4)は同素体への変質

【4】(1)　ドライアイスが気体になるのは，昇華である。

【5】(4)　CO_2 の酸素が1つ奪われて CO になった。

【6】(5)　略

11. 金属 (p.21)

【1】 (4) 金属には，展性や延性がある。

【2】 (3) 略

【3】 (3) マグネシウム，カリウム，亜鉛

【4】 (3) イオン化傾向の図より，鉄より左にあるものはアルミニウムである。

【5】 (3) 正常なコンクリート中では腐食しない。

12. 有機化合物 (p.23)

【1】 (5) 有機化合物は，一般に可燃性である。

【2】 (5) 略

【3】 (4) 略

【4】 (5) 略

2. 燃 焼 (p.24)

1. 燃焼の3要素 (p.25〜p.26)

【1】 (2) 分解により，酸素を発生するものがある。

【2】 (5) 略

【3】 (2) 略

【4】 (3) 略

【5】 (5) 略

【6】 (2) 略

【7】 (4) 略

【8】 (4) 略

2. 燃焼の形態 (p.28〜p.29)

【1】 (2) 略

【2】 (5) 略

【3】 (3) 略

【4】 (4) 重油の燃焼は蒸発燃焼。

【5】 (4) 略

【6】 (5) エタノールは蒸発燃焼。

【7】 (1) 略

【8】 (4) 略

【9】 (5) 略

3. 燃焼の難易 (p.30)

【1】 (1) 略

【2】 (5) 気化熱は液体が蒸発して気体になるために必要な熱量。

【3】 (1) 略

【4】 (3) 略

4. 引火点 (p.31)

【1】 (4) 略

【2】 (4) 略

5. 発火点 (p.32)

【1】 (1) 略

【2】 (5) 略

6. 燃焼範囲 (p.33〜p.34)

【1】 (3) 略

【2】 (1) 略

【3】 (4) $\dfrac{1.4}{1.4+98.6}=0.014=1.4$ 〔%〕

【4】 (2) 引火点は 40 〔℃〕以下，下限界は 8 〔%〕以下。

【5】 (2) {5÷(5+100)}×100≒4.7

4・5・6 総合問題 (p.35)

【1】 (3) 略

【2】 (1) 燃焼範囲は 2.6−12.8 〔vol %〕のため，35 〔vol %〕では引火しない。

【3】 (1) 液体 2 〔ℓ〕の重さが 1.74 〔kg〕となる。
480 〔℃〕で点火源なしに燃えだす。
外圧が上下すれば沸点も変わる。
蒸気の重さは空気の約 3 倍ある。

7. 自然発火 (p.36)

【1】 (3) 略

3. 消 火 (p.37)

1. 消火の方法と消火剤 (p.39〜p.40)

【1】 (1) 略

【2】 (3) リン酸塩類は普通，油，電気火災

【3】 (5) 略

【4】 (3) 略

【5】 (1) 略

【6】 (4) 消火剤の主成分は不活性ガス

【7】 (2) 略

【8】 (1) 略

2. 消火設備 (p.42〜p.43)

【1】 (2) 第2種はスプリンクラー設備

【2】 (5) 略

【3】 (5) 略

【4】 (2) A と E

【5】 (5) 略

【6】 (2) 略

3. 警報設備 (p.44)

【1】 (1) C

1. 危険物の類ごとに
共通する性質と品名 (p. 46)

(p. 48～p. 49)

【1】 (2)　略

【2】 (4)　A・B・Eが正しい。

【3】 (2)　略

【4】 (4)　略

【5】 (1)　略

【6】 (5)　略

【7】 (3)　略

【8】 (4)　略

2. 第4類危険物と消火 (p. 50)

1. 第4類危険物の共通する特性 (p. 51～p. 52)

【1】 (3)　略

【2】 (3)　略

【3】 (2)　蒸気比重が小さいものは危険性が少ない。

【4】 (2)　略

【5】 (2)　引火点が高くなる。

【6】 (1)　略

【7】 (4)　略

【8】 (4)　略

2. 第4類危険物の火災予防 (p. 54～p. 55)

【1】 (3)　略

【2】 (1)　略

【3】 (3)　略

【4】 (5)　略

【5】 (5)　略

【6】 (2)　略

【7】 (4)　略

【8】 (2)　略

3. 第4類危険物の性質 (p. 56)

1. 特殊引火物 (p. 58～p. 59)

【1】 (3)　略

【2】 (1)　略

【3】 (5)　水より軽く，水にわずかに溶ける。

【4】 (2)　石油中ではなく水中に保存。

【5】 (3)　略

【6】 (2)　液比重は，ジエテルエーテル → 0.7
二硫化炭素 → 1.3

【7】 (2)　略

【8】 (4)　略

【9】 (4)　Cが誤り。二硫化炭素は特有の不快臭で，
水に溶けず，水より重い。

2. 第1石油類 (p. 63～p. 65)

【1】 (3)　略

【2】 (4)　略

【3】 (5)　オレンジ色に着色してある。

【4】 (3)　ガソリンの発火点は約300〔℃〕。

【5】 (3)　略

【6】 (5)　略

【7】 (3)　略

【8】 (5)　略

【9】 (4)　略

【10】 (1)　略

【11】 (2)　略

【12】 (3)　ベンゼンもトルエンも水に不溶。また，
どちらも芳香族炭化水素である

【13】 (5)　略

【14】 (5)　容器は密栓する。

【15】 (1)　アルコール，水によく溶ける。

3. アルコール類 (p. 67～p. 68)

【1】 (2)　略

【2】 (3)　炭素数は1個から3個まで。

【3】 (3)　エタノールの方が毒性は低い。

【4】 (3)　引火点は13〔℃〕。

【5】 (1)　沸点は共に100〔℃〕以下。

【6】 (1)　引火点は共に0〔℃〕以上。

【7】 (5)　略

4. 第2石油類 (p. 72～p. 74)

【1】 (2)　略

【2】 (4)　灯油の発火点は220〔℃〕。

【3】 (4)　略

【4】 (3)　蒸気は空気より重い。

【5】 (2)　略

【6】 (2)　C　重油の引火点は60〔℃〕～150〔℃〕で軽油は45〔℃〕以上なので危険性は高くならない。
　　　　　　E　濃度が薄まり，引火しにくくなる。

【7】 (2)　B　発火点は220〔℃〕。　E　水より軽い。

【8】 (4)　略

【9】 (4)　略

【10】 (1)　略

【11】 (3)　略

【12】 (3)　酢酸は水溶性。

【13】 (3)　略

5. 第3石油類 (p.77～p.78)

【1】 (1)　250〔℃〕ではなく，200〔℃〕未満。

【2】 (2)　重油は水より軽い。

【3】 (4)　重油の発火点は250〔℃〕～380〔℃〕。

【4】 (5)　略

【5】 (4)　略

【6】 (5)　略

【7】 (2)　略

6. 第4石油類 (p.79)

【1】 (2)　略

【2】 (3)　略

7. 動植物油類 (p.81)

【1】 (2)　A・Bが正しい。

【2】 (3)　引火点と自然発火との関係はない。

【3】 (1)　略

【4】 (5)　p.37 参照

総合問題 (p.82～p.84)

【1】 (2)　引火点は，特殊引火物，第1石油類，アルコール類，第2石油類，第3石油類，第4石油類，動植物油類の順に大きくなる。

【2】 (4)　略

【3】 (2)　略

【4】 (2)　A・E

【5】 (5)　略

【6】 (2)　略

【7】 (2)　略

【8】 (1)　略

【9】 (2)　略

【10】 (3)　略

【11】 (4)　略

【12】 (3)　略

1. 危険物を規制する法令 (p.86)

1. 指定数量 (p.87)

【1】 (4)　第4石油類の指定数量は6,000〔ℓ〕，動植物油類の指定数量は10,000〔ℓ〕。

【2】 (4)　略

【3】 (4)　(1)　$\dfrac{200}{200}+\dfrac{500}{1000}=1.5$

　　　　　(2)　$\dfrac{1000}{1000}+\dfrac{1000}{2000}=1.5$

　　　　　(3)　$\dfrac{500}{1000}+\dfrac{2000}{2000}=1.5$

　　　　　(4)　$\dfrac{100}{200}+\dfrac{3000}{2000}=2$

　　　　　(5)　$\dfrac{50}{200}+\dfrac{800}{1000}=1.05$

【4】 (3)　軽油の指定数量の倍数が0.6となり，灯油の0.4と合わすと1となる。

【5】 (4)　ガソリン　　180/200＝0.9倍
　　　　　軽　油　　5000/1000＝5倍
　　　　　重　油　　10000/2000＝5倍

2. 危険物の法規制 (p.89)

【1】 (4)　略

【2】 (4)　略

【3】 (4)　D　変更10日前
　　　　　E　市町村長等に届ける。

2. 製造所等の区分 (p.91)

【1】 (4)　移送取扱所ではなく給油取扱所。

【2】 (2)　ガソリンは第1石油類で引火点が0〔℃〕未満のため貯蔵できない。

【3】 (4)　略

3. 製造所等の設置から用途廃止までの手続 (p.92)

1. 設置許可並びに位置，構造または設備の変更許可
(p.93～p.94)

【1】 (2)　略

【2】 (4)　略

【3】(1) 認可でなく許可。

【4】(1) 略

【5】(5) 略

2. 仮使用 (p.95)

【1】(5) 略

【2】(5) 略

4. 危険物取扱者 (p.96)

1. 免状 (p.97～p.98)

【1】(1) 市町村長ではなく，都道府県知事。

【2】(5) (1) 免状に指定する種類を取り扱うことが
　　　　　 できる。
　　　　(2) 丙種はアルコール類を扱えない。
　　　　(3) 交付または書き換えをした都道府県
　　　　　 知事に申請。
　　　　(4) 亡失した区域を管轄する都道府県知事。

【3】(4) 略

【4】(2) 略

【5】(3) 6ヶ月ではなく1年。

【6】(3) A ガソリンを取り扱うことができる。
　　　　 D 交付を受けた者は危険物取扱者
　　　　 E 甲種・乙種 危険物取扱者がなることが
　　　　　 できる

【7】(2) 書き換えは氏名，本籍の変更や写真が10年
　　　　 経過したとき。

【8】(1) 免状関係はすべて都道府県知事。

2. 保安講習 (p.99)

【1】(1) 都道府県知事等が行う。

5. 製造所等の保安体制 (p.100)

1. 保安体制 (p.102～p.103)

【1】(5) 甲種危険物取扱者，乙種危険物取扱者であれ
　　　　 ば危険物保安監督者である必要はない。

【2】(2) A すべての製造所に定められていない。
　　　　 B 危険物施設保安員の指示に従わない。
　　　　 D 丙種は選任される資格がない。

【3】(4) 諸手続きに関する業務については規定されて
　　　　 いない。

【4】(4) B・C・D・Eには選任が必要。

【5】(5) 略

【6】(5) 実務経験は必要ない。

2. 予防規程 (p.105)

【1】(1) 略

【2】(4) 予防規程は必要。

【3】(1) 略

【4】(5) 略

3. 定期点検 (p.107)

【1】(3) 略

【2】(2) 誰でもできない。

【3】(2) DとEが正しい。

【4】(5) 略

6. 製造所等の位置，構造，設備の基準 (p.108)

1. 保安距離・保有空地 (p.109)

【1】(2) 略

【2】(2) 略

【3】(2) 略

【4】(3) 略

2. 製造所等の建築物の構造・設備の基準 (p.110)

【1】(3) 屋外の低所ではなく高所。

3. 貯蔵所・取扱所の構造・設備の基準 (p.111)

1. 屋内貯蔵所 (p.111)

【1】(1) 略

2. 屋外貯蔵所 (p.112)

【1】(2) ガソリン，ベンゼンが貯蔵できない。

3. 屋外タンク貯蔵所 (p.114)

【1】(3) 略

【2】(4) 最大タンク110〔%〕なので，
　　　　 600〔kℓ〕×110〔%〕＝660〔kℓ〕

【3】(2) 略

4. 屋内タンク貯蔵所 (p.115)

【1】(2) 指定数量の40倍以下

5. 地下タンク貯蔵所 (p.116)

【1】(2) 略

6. 簡易タンク貯蔵所 (p. 117)

【1】(1)　略

7. 販売取扱所 (p. 118)

【1】(4)　第1種販売取扱所では窓を設けることができる。

9. 給油取扱所 (p. 121)

【1】(4)　専用タンクの容量は制限がない。保安距離は必要ない。保有空地ではなく給油空地。へいの高さは2〔m〕以上。

【2】(2)　略

【3】(3)　第3種の固定式泡消火設備が必要。

【4】(2)　A　エンジンは停止する。
　　　　　C　下水に流してはいけない。
　　　　　D　専用タンクに注油中は固定給油設備の使用を中止する。

10. 移動タンク貯蔵所 (p. 123)

【1】(3)　略

【2】(5)　略

【3】(2)　略

4. 移送 (p. 124〜p. 125)

【1】(1)　略

【2】(5)　定期的な移送の基準はない

【3】(3)　A　完成検査済証は移動タンク貯蔵所に備え付けておく。
　　　　　D　免状は携帯する。

【4】(4)　略

【5】(4)　略

5. 運搬 (p. 128〜p. 129)

【1】(4)　略

【2】(3)　A　届ける必要はない。
　　　　　D　指定数量未満では消火設備を備える必要ない。
　　　　　E　指定数量の1/10以下。

【3】(5)　内容積の98％以下の収納率，55℃において漏れない空間容積。

【4】(1)　略

【5】(1)　(2) 危険物取扱者が乗車しなくてよい。
　　　　　(3) 指定数量の1/10以下は混載はできる。
　　　　　(4) 危険物施設保安員が乗車の必要はない。
　　　　　(5) 指定数量未満は標識を掲げなくてよい。

【6】(5)　略

【7】(1)　略

6. 危険物の貯蔵・取扱いの技術上の基準 (p. 131)

【1】(1)　A　係員以外は出入りできないようにする。
　　　　　B　物品は貯蔵できない。
　　　　　C　許可された危険物の変更はできない。
　　　　　D　火気は，みだりに使用してはならない。

【2】(5)　危険物を完全に除去してから行う。

【3】(1)　蒸気が滞留するおそれのある場所では，火花を発する機器，工具等を使用しない。

7. 標識・掲示板 (p. 133)

【1】(3)　略

【2】(2)　取扱注意でなく火気厳禁。

【3】(5)　略

7. 行政違反等に対する措置 (p. 134)

1.措置命令 〜 5.走行中の移動タンク貯蔵所の停止

(p. 135〜p. 136)

【1】(5)　修理，改造または移転の命令は位置，構造及び設備が技術上の基準に違反しているとき。

【2】(5)　危険物保安監督者の解任命令。

【3】(2)　危険物取扱者が免状の書換えをしていなくても，使用停止命令に該当しない。

【4】(1)　(1)は返納命令。

【5】(2)　略

8. 事故時の措置 (p. 137)

【1】(3)　流出した危険物はすみやかに回収する。

【2】(1)　略

【3】(2)　B・Eが誤り。

模擬試験1 解答 (P.138)

【1】(5) アマニ油は動植物油類。

【2】(3) 二硫化炭素　100/50＝2倍，
　　　　　ベンゼン　400/200＝2倍，
　　　　　アセトン　800/400＝2倍，
　　　　　エタノール　1600/400＝4倍，
　　　　　酢酸　2000/2000＝1倍

【3】(1) 乙種は免状に指定する危険物以外の立ち会いはできない。甲種は危険物取扱者以外の取扱いに立ち会うことができる。免状は全国で有効である。丙種は危険物保安監督者になることはできない。

【4】(1) 受講義務はない。

【5】(3) 30,000〔ℓ〕ではなく10,000〔ℓ〕。

【6】(4) 略

【7】(3) 略

【8】(2) 略

【9】(3) B　給油量および給油時間の下限ではなく上限。
　　　　　E　非常時では取り扱いできないようにする。

【10】(1)

【11】(3)

【12】(4) 燃焼する場合は安全な場所で他に危害を及ぼさない方法で行い，必ず，見張り人をおく。

【13】(3) 60〔℃〕ではなく55〔℃〕。

【14】(4) 40〔℃〕未満の危険物は注入ホースを注入口に緊結する。

【15】(1) D　危険物保安監督者を選任しない場合。

【16】(3) 熱伝導率は静電気の発生とは関係ない。

【17】(3) CとEが正しい。

【18】(1) $Q=cm\,(t_1-t_2)$ に代入する。

$Q=10〔kJ〕=10000〔J〕$　　$c=5〔J/g℃〕$
$m=200〔g〕$　　$t_1=20〔℃〕$
$10000=5×200×(t_2-20)$　　$t_2=30$

【19】(5) 水素イオン濃度が小さいほどpHは大きくなる。

【20】(3) B，D，Eが正しい。
　　　　　A　同素体であるので化学的性質は異なる。
　　　　　Cは必ずしもそうではない。

【21】(1) 略

【22】(2) A　ガソリンとD　ナフタリン

【23】(3) 30〔℃〕，5〔%〕で引火したことより，引火点は30〔℃〕以下で，燃焼下限界は5〔%〕以下。20〔%〕では引火しなかったことより，燃焼上限界は20〔%〕未満。

【24】(1) 1つの要素だけでよい。

【25】(5) 略

【26】(2) 略

【27】(5) 水溶性のものでも引火する。第4類は電気伝導度は小さい。沸点の高いものは引火爆発の危険性が低い。発火点の高低と燃焼下限界はあまり関係ない。

【28】(2) 蒸気が滞留しないように換気する。

【29】(2) 耐アルコール泡を使用。

【30】(5) すべて使用できる。

【31】(4) 略

【32】(4) 発火点は300〔℃〕

【33】(3) すべて水に溶ける。メタノールの引火点は0〔℃〕以上。アセトアルデヒドの危険性が最も高い。アセトアルデヒドは銅製の容器に保存できない。

【34】(5) 引火点が低く，燃焼範囲が広いほど危険性が大きい。

【35】(2) 自動車ガソリンはオレンジ色，灯油は無色または淡黄色。

【1】(2)　黄リンは第3類。

【2】(3)　引火点−30〔℃〕より特殊引火物なので，100/50＝2倍。引火点20〔℃〕より第1石油類の水溶性なので，800/400＝2倍。引火点70〔℃〕より第3石油類の非水溶性なので，2000/2000＝1倍。

【3】(2)　略

【4】(1)　記載事項が変更になったとき，もしくは写真が10年経過したときに更新する。

【5】(3)　略

【6】(3)　略

【7】(4)　略

【8】(3)　最大タンク容量の110〔％〕以上。

【9】(4)　略

【10】(1)　A　丙種は危険物保安監督者になれない。
　　　　　B　実務経験は1年ではなく6ヶ月以上。
　　　　　C　貯蔵所，取扱所によっては選任しなくてもよい所がある。
　　　　　D　危険物施設保安員は，危険物保安監督者の指示に従う。

【11】(3)　B　実務経験は必要ない。
　　　　　C　保存期間は3年間。
　　　　　D　危険物取扱者の立ち会いのもとで，危険物取扱者以外のものも実施できる。

【12】(5)　給油空地からはみ出してはならない。

【13】(3)　略

【14】(2)　丙種はベンゼンを取り扱う事ができない。常に標識を掲げる。完成検査済証の写しは認められない。危険物が漏れた場合は，その場で対策を講じる。

【15】(4)　危険物保安監督者の解任命令

【16】(2)　分子中に炭素 (C) の数が一番多い物質が一番多くの二酸化炭素を発生する。

【17】(4)　A，Cが同素体。Bは同位体。Dは同一物質。Eは異性体。

【18】(2)　(元の体積)＋(増加の体積)で求める。
(増加体積)＝(元の体積)×(体膨張率)×(温度差)＝1000×0.0014×(50−20)＝42〔ℓ〕
1000＋42＝1042〔ℓ〕

【19】(4)　4〔℃〕のときに密度は最大になり，体積は最小になる。

【20】(3)　3以外は還元反応。

【21】(5)　硫黄は蒸発燃焼。

【22】(1)　熱伝導率の小さい方が燃えやすい。

【23】(4)　略

【24】(5)　常温では液体である。燃焼下限界は3.5〔％〕より大きい。498〔℃〕は発火点である。引火点は55〔℃〕以下である。

【25】(3)　略

【26】(4)　略

【27】(4)　略

【28】(4)　略

【29】(4)　空気遮断による窒息消火が有効。

【30】(2)　B　アルコールには溶ける。
　　　　　E　静電気は発生しやすい。

【31】(3)　共に水には溶けない。共に常温では引火する危険性は低い。灯油は無色または淡紫黄色，軽油は淡黄色または淡褐色。共に燃焼範囲はほぼ同じ。

【32】(2)　水には溶けない。

【33】(5)　硬化しやすいものほどヨウ素価が高く自然発火しやすい。

【34】(1)　略

【35】(3)　屋内では，可燃性蒸気が拡散しにくく床をはう危険性がある。

2. 消火設備

消火設備は，製造所等の区分，規模，品名，数量などに応じて適応する消火設備の設置が義務づけられている。

また，消火設備は**第1種から第5種**までに区分されている。

第1種	屋外消火栓設備 屋内消火栓設備	
第2種	スプリンクラー設備	
第3種	水蒸気・水噴霧消火設備 泡消火設備 不活性ガス消火設備 ハロゲン化物消火設備 粉末消火設備	
第4種 または 第5種	棒状・霧状の水を放射する消火器 （第4種：大型　第5種：小型） 棒状・霧状の強化液を放射する消火器 （第4種：大型　第5種：小型） 泡を放射する消火器 （第4種：大型　第5種：小型） 不活性ガスを放射する消火器 （第4種：大型　第5種：小型） ハロゲン化物を放射する消火器 （第4種：大型　第5種：小型） 消火粉末を放射する消火器 （第4種：大型　第5種：小型）	
第5種	乾燥砂 水バケツまたは水槽 膨張ひる石または膨張真珠岩	

第4類危険物に適応しない消火設備

- ・ 第1種　　　　　　　　屋内消火栓　　屋外消火栓
- ・ 第2種　　　　　　　　スプリンクラー
- ・ 第4種・第5種　　　　棒状の水　　霧状の水　　棒状の強化液
- ・ 第5種　　　　　　　　水バケツまたは水槽

1. 危険物施設と適応する消火設備

① 大規模の施設（著しく消火困難）━━━━━━━▶ 固定式の消火設備と消火器

② 中規模の施設（消火困難な施設）━━━━━━━▶ 大型消火器と小型消火器

③ その他の施設 ━━━━━━━▶ 小型消火器

2. 所要単位と能力単位

　所要単位とは，製造所等に対してどのくらいの消火能力を有する消火設備が必要であるかを定める単位であり，建築物の構造や規模，危険物の数量により算出する。

　能力単位とは，所要単位に対する消火能力の基準となる単位である。

製造所等の構造と危険物		1所要単位あたりの数値
製造所 取扱所	耐火構造	延面積　100〔m²〕
	不燃材料	延面積　　50〔m²〕
貯蔵所	耐火構造	延面積　150〔m²〕
	不燃材料	延面積　　75〔m²〕
屋外の製造所等		外壁を耐火構造とし，工作物の水平最大面積を建坪とする建築物と見なして算出する
危　険　物		指定数量の10倍

3. 消火設備の設置方法

電　気　設　備	電気設備のある場所の面積100〔m²〕ごとに1個以上
第4種消火設備	防護対象物の各部分から消火設備に至る歩行距離は30〔m〕以下 （第1種，第2種，第3種消火設備と併置するときは，この限りではない）
第5種消火設備	防護対象物の各部分から消火設備に至る歩行距離は20〔m〕以下 （第1種から第4種までの消火設備と併置する場合にあっては，この限りではない）

━━━━━ 練習問題 ━━━━━

【1】 消火設備の組合せのうち，誤っているものはどれか。

(1)　第1種消火設備・・・・屋外消火栓設備
(2)　第2種消火設備・・・・二酸化炭素消火設備
(3)　第3種消火設備・・・・水蒸気・水噴霧消火設備
(4)　第4種消火設備・・・・大型消火器
(5)　第5種消火設備・・・・小型消火器

【2】 製造所等に設けなければならない消火設備は，第1種から第5種までに区分されているが，次のうち第5種に該当するものはどれか。

(1)　泡消火設備　　　　(2)　屋内消火栓設備　　　(3)　スプリンクラー設備
(4)　泡を放射する大型消火器　　(5)　乾燥砂

【3】 第5種の消火設備の基準について，次の文の（　　）内に当てはまる法令に定められている数値はどれか。

「第5種の消火設備は製造所にあっては防護対象物の各部分から一の消火設備に至る歩行距離が【　　】m以下となるように設けなければならない。ただし，1種から第4種までの消化設備と併置する場合にあってはこの限りでない。」

(1)　　1　　　　(2)　　3　　　　(3)　　5　　　　(4)　　10　　　　(5)　　20

【4】 第4種消火設備に該当するものはいくつあるか。

A　ハロゲン化物を放射する大型消火器
B　棒状の水を放射する小型消火器
C　泡消火設備
D　屋内消火栓設備
E　消火粉末を放射する大型消火器

(1)　　1つ　　　　(2)　　2つ　　　　(3)　　3つ　　　　(4)　　4つ　　　　(5)　　5つ

【5】 法令上，製造所等の消火設備について，次のうち誤っているものはどれか。

(1)　　霧状の強化液を放射する小型の消火器及び乾燥砂は，第5種の消火設備である。
(2)　　消火設備は第1種から第5種に区分されている。
(3)　　地下タンク貯蔵所には，第5種の消火設備を2個以上設ける。
(4)　　電気設備に対する消火設備は，電気設備のある場所の面積100〔m²〕ごとに1個以上設ける。
(5)　　消火粉末を放出する大型の消火器は，第5種の消火設備である。

【6】 法令上，次の文の（　　）内に当てはまる数値はどれか。

「製造所等に設ける消火設備の所要単位の計算方法は，危険物に対しては指定数量の（　　）倍を1所要単位とする。」

(1)　　5
(2)　　10
(3)　　50
(4)　　100
(5)　　150

3. 警報設備

警報設備とは，火災，危険物の流出等の事故が発生した場合に，従業員等に早期に知らせるための設備である。

1. 警報装置の設置基準

指定数量の **10 倍以上**の危険物を貯蔵・取り扱う製造所等（移動タンク貯蔵所を除く）には警報設備を設けなければならない。

2. 警報装置の種類

① 自動火災報知機

② 電　話

③ 非常ベル

④ 拡声装置

⑤ 警　鐘

===== 練習問題 =====

【1】 指定数量の 10 倍以上を貯蔵し，または取り扱う製造所等（移動タンク貯蔵所は除く）には警報装置を設置しなければならないが，警報設備に該当しないものはいくつあるか。

A 自動火災報知設備
B 消防機関に報知できる電話
C ガス漏れ検知装置
D 警鐘
E 非常ベル装置
F 拡声装置

(1) 1つ
(2) 2つ
(3) 3つ
(4) 4つ
(5) 5つ

第2章

危険物の性質
並びに
その火災予防
及び
消火の方法

1. 危険物の類ごとに共通する性質と品名

　消防法で危険物とは、「別表の品名欄に掲げる物品で、同表に定める区分に応じ同表の性質欄に掲げる性状を有するもの」と定められ、**第1類**から**第6類**までに分類され、その類ごとに品名を指定している。

　危険物には、同一の物品であっても、形状及び粒度によって危険物になるものとならないものがある。

	性　質	品　名
第1類 酸化性固体	**固体** **不燃性** 　酸化性の強い物質で、**自らは燃焼しない**が、他の物質を酸化させる酸素を多量に含有しており、加熱、衝撃、摩擦などにより分解し酸素を放出しやすい。	1　塩素酸塩類 2　過塩素酸塩類 3　無機過酸化物 4　亜塩素酸塩類 5　臭素酸塩類 6　硝酸塩類 7　ヨウ素酸塩類 8　過マンガン酸塩類 9　重クロム酸塩類 10　その他のもので政令で定めるもの 11　前各号に揚げるもののいずれかを含有するもの
第2類 可燃性固体	**固体** **可燃性** 　比較的低温で着火、引火する燃えやすい物質である。また酸化されやすく、燃焼により有毒ガスを発生させる物質もある。 　燃焼が速いため消火が困難である。	1　硫化リン 2　赤リン 3　硫黄 4　鉄粉 5　金属粉 6　マグネシウム 7　その他のもので政令で定めるもの 8　前各号に揚げるもののいずれかを含有するもの 9　引火性固体

第3類 禁水性物質 自然発火性物質	**液体または固体** **可燃性**（一部不燃性） 　空気にさらされると自然発火する物質，または 　水と接触して発火，もしくは可燃性ガスを発生する両方の性質がある。 	1　カリウム　　　　　　　2　ナトリウム 3　アルキルアルミニウム 4　アルキルリチウム 5　黄リン 6　アルカリ金属（カリウム及びナトリウムを除く）及びアルカリ土類金属 7　有機金属化合物（アルキルアルミニウム及びアルキルリチウムを除く） 8　金属の水素化物　　　9　金属のリン化物 10　カルシウムまたはアルミニウムの炭化物 11　その他のもので政令で定めるもの 12　前各号に掲げるもののいずれかを含有するもの
第4類 引火性液体	**液体** **可燃性** 　常温においてすべて液体であり，発生する蒸気は空気よりも重く，激しく燃焼する。	1　特殊引火物 2　第1石油類 3　アルコール類 4　第2石油類　 5　第3石油類 6　第4石油類 7　動植物油類
第5類 自己反応性物質	**液体または固体** **可燃性** 　燃焼に必要な酸素を含んでおり，外部からの酸素の供給がなくても燃焼するものが多い。加熱による分解などの自己反応により，多量の熱を発生し，または爆発的に反応が進行する。	1　有機過酸化物 2　硝酸エステル類 3　ニトロ化合物 4　ニトロソ化合物　 5　アゾ化合物 6　ジアゾ化合物 7　ヒドラジンの誘導体 8　ヒドロキシルアミン 9　ヒドロキシルアミン塩類 10　その他のもので政令で定めるもの 11　前各号に掲げるもののいずれかを含有するもの
第6類 酸化性液体	**液体** **不燃性** 　**自らは燃焼しない**が，混在する他の可燃物の燃焼を促進する性質をもつ強酸化性の液体。	1　過塩素酸 2　過酸化水素 3　硝酸 4　その他のもので政令で定めるもの 5　前各号に掲げるもののいずれかを含有するもの

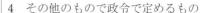

　液体とは，1気圧・温度20〔℃〕で液体であるもの，または，温度20〔℃〕を超え40〔℃〕以下の間において液状となるものをいう。

　固体とは，液体または気体（1気圧・温度20〔℃〕で気体状であるもの）以外のものをいう。

【1】 次のうち，すべての類のどの危険物にも全く該当しないものはどれか。ただし，いずれも常温（20℃）常圧における状態とする。

(1)　引火性の液体　　　　(2)　可燃性の気体　　　　(3)　可燃性の固体

(4)　不燃性の液体　　　　(5)　不燃性の固体

【2】 次の各類の危険物の性状のうち，正しいものはいくつあるか。

A　第1類はそれ自体は燃焼しない。

B　第2類はそれ自体は着火しやすい。

C　第3類はそれ自体は燃えない。

D　第5類は爆発の危険性はない。

E　第6類はそれ自体は燃焼しない。

(1)　なし　　(2)　1つ　　(3)　2つ　　(4)　3つ　　(5)　4つ

【3】 危険物の類ごとに共通する性状として，次のうち正しいものはどれか。

(1)　第1類の危険物は，可燃性の気体である。

(2)　第2類の危険物は，可燃性の固体である。

(3)　第3類の危険物は，可燃性で引火性の液体である。

(4)　第5類の危険物は，酸化性の固体または液体である。

(5)　第6類の危険物は，可燃性の固体または液体である。

【4】 危険物の類ごとの一般的な性状として，次のうち正しいものはどれか。

(1)　第1類の危険物は，酸素を含有しているので，内部（自己）燃焼する。

(2)　第2類の危険物は，水と作用して激しく発熱する。

(3)　第3類の危険物は，可燃性の液体である。

(4)　第5類の危険物は，外部からの酸素の供給がなくても燃焼するものが多い。

(5)　第6類の危険物は，可燃性で強い酸化剤である。

【5】 危険物の類ごとに共通する危険性として，次のうち正しいものはどれか。

(1)　第1類の危険物…酸素を分子中に含有しており，加熱，衝撃，摩擦などにより分解し，酸素を放出しやすい。

(2)　第2類の危険物…可燃物を酸化しやすく，分解しやすい。

(3)　第3類の危険物…それ自体は燃焼しないが，混在する可燃物の燃焼を促進する。

(4)　第5類の危険物…還元性物質のため酸化性物質との混合は危険である。

(5)　第6類の危険物…一般的に空気に触れると，自然に発火する。

【6】　各類の危険物の一般的性質について，次のうち正しいものはどれか。

(1)　第1類の危険物は可燃性であり，他の物質から容易に酸化されやすい固体である。

(2)　第2類の危険物は，火炎により着火しやすい液体または引火しやすい固体である。

(3)　第3類の危険物は，空気中で自然に発火しやすい気体，水と接触して発火しやすい液体である。

(4)　第5類の危険物は燃焼速度が緩慢で，水より軽い固体である。

(5)　第6類の危険物は不燃性であり，混在する他の可燃物の燃焼を促進する液体である。

【7】　危険物の類ごとに共通する性状として，次のうち正しいものはどれか。

(1)　第1類の危険物は可燃性であり，燃え方が速い。

(2)　第2類の危険物は着火または引火の危険性のある液体である。

(3)　第3類の危険物は水との接触により発熱し，発火する物質，また，空気にさらされると自然発火する物質である。

(4)　第5類の危険物は酸素含有物質であり，酸化性が強い気体である。

(5)　第6類の危険物は還元性の物質である。

【8】　危険物の類ごとに共通する性状として，次のうち誤っているものはどれか。

(1)　第1類危険物は一般的に不燃性物質であるが，分子中に酸素を含有し，周囲の可燃物の燃焼を著しく促す。

(2)　第3類危険物の自然発火性物質（黄リン）は空気に触れると自然発火するので，水中に小分けして貯蔵する。

(3)　第4類危険物は引火性液体であって，液比重は1より小さいが，蒸気比重は1より大きい。

(4)　第5類危険物は自己反応性物質の液体または固体で燃焼速度が遅い。

(5)　第6類危険物はいずれも不燃性であるが，水と激しく反応し発熱し，酸化力が強く，有機物と混ざると着火することがある。

2. 第4類危険物と消火

1. 第4類危険物の共通する特性

1. 第4類危険物の品名

消防法別表第一第四類の項の品目欄に掲げる物品で，**引火性液体の性状**を有する。

品　名	性　質	主 な 物 品 名
特 殊 引 火 物	非水溶性	二硫化炭素
	水溶性	ジエチルエーテル※，アセトアルデヒド，酸化プロピレン
第 1 石 油 類	非水溶性	ガソリン，ベンゼン，トルエン，*n*‐ヘキサン，酢酸エチル，メチルエチルケトン
	水溶性	アセトン，ピリジン，ジエチルアミン
アルコール類	水溶性	メタノール，エタノール，*n*‐プロピルアルコール，イソプロピルアルコール
第 2 石 油 類	非水溶性	灯油，軽油，クロロベンゼン，キシレン，*n*‐ブチルアルコール
	水溶性	酢酸，プロピオン酸，アクリル酸
第 3 石 油 類	非水溶性	重油，クレオソート油，アニリン，ニトロベンゼン
	水溶性	エチレングリコール，グリセリン
第 4 石 油 類	非水溶性	ギヤー油，シリンダー油，タービン油
動 植 物 油 類	非水溶性	オリーブ油，ゴマ油，アマニ油

※　ジエチルエーテルのみわずかに水溶性を有する

水溶性液体の消火

　アルコール，アセトン等の水溶性の液体は，泡消火剤が形成する泡の水膜を水溶性液体が溶かすため，泡が消滅しやすくなるので普通の泡消火薬剤ではなく**水溶性液体用泡消火薬剤（耐アルコール泡）**を使用する。

2. 共通する特性

① **引火性の液体**であり，蒸気が空気と混合すると火気等により引火,爆発する危険性がある。
② 液体は流動性があり，火災が拡大する危険性がある。
③ **液比重が1より小さい**（水より軽い）もの，**水に溶けないものが多い**ので，水の表面に浮遊し，火災となった場合は火災範囲が大きくなる。
④ **燃焼下限界が低いもの，燃焼範囲が広いもの**ほど蒸気が発生しやすいので**引火の危険性が高い**。
⑤ **引火点**が低いものがある。
⑥ **発火点**が低いものほど発火しやすい。
⑦ **電気の不良導体**であるものが多く，静電気を蓄積しやすい。
⑧ 動植物油類の乾性油は自然発火する危険性がある。
⑨ **蒸気比重が1より大きい**（空気より重い）ので蒸気は低所に滞留する。
⑩ **沸点，引火点の低いもの**ほど蒸気が発生しやすく，引火の危険が高くなる。
⑪ 水溶性（アルコール類）のものは水で薄めると，引火点が高くなる。

【1】 次の危険物の中で，第4類危険物でないものはどれか。

(1) ガソリン

(2) 灯油

(3) マグネシウム

(4) アマニ油

(5) ベンゼン

【2】 泡消火剤の中には，水溶性液体用泡消火剤とその他の一般の泡消火剤とがある。次の危険物の火災を泡で消火しようとする場合，一般の泡消火剤では適切でないものはどれか。

(1) キシレン

(2) 灯油

(3) エタノール

(4) 軽油

(5) ガソリン

【3】 第4類の危険物の一般的な火災の危険性について，次のうち誤っているものはどれか。

(1) 燃焼範囲の下限値が等しい場合は，燃焼範囲の上限値の高い物質ほど危険性は大きい。

(2) 蒸気比重が1より小さな物質は蒸気が拡散するので，危険性は大きい。

(3) 沸点の低い物質は，引火の危険性が大きい。

(4) 燃焼範囲の下限値の低い物質ほど危険性は大きい。

(5) 燃焼範囲の上限値と下限値との差が等しい場合は，下限値の低い物質ほど危険性は大きい。

【4】 第4類の危険物の一般的性質として，次のうち誤っているものはどれか。

(1) 引火性の液体である。

(2) 発火点は，ほとんどのものが100〔℃〕以下である。

(3) 蒸気比重は1より大きい。

(4) 液体の比重は，1より小さいものが多い。

(5) 電気の不導体であるものは，静電気が蓄積しやすい。

【5】　引火性液体の性質と危険性の説明として，次のうち誤っているものはどれか。

(1)　一般に常温では，沸点が低いものほど可燃性蒸気の放散が容易となるので，引火の危険性が高まる。

(2)　アルコール類は注水して濃度を低くすると，引火点は下がる。

(3)　多くのものは液比重が1より小さいので燃焼したものに注水すると，水面に浮かんで燃えあがり，かえって火炎を拡大させることもある。

(4)　導電率の低いものは，流動，ろ過などの際に静電気を発生しやすく，静電気による火災の原因になることがある。

(5)　粘度の大小は，漏えい時の火災の拡大に影響を与える。

【6】　第4類の危険物の一般的性質として，次のうち正しいものはどれか。

(1)　沸点の低いものは引火しやすい。
(2)　熱伝導率が大きいので蓄熱し，自然分解しやすい。
(3)　導電率が大きいので，静電気は蓄積しにくい。
(4)　水溶性のものは水で薄めると引火点が低くなる。
(5)　蒸気比重は，1より小さいので放散しやすい。

【7】　第4類の危険物の性状として，次のうち誤っているものはどれか。

(1)　蒸気比重が空気より大きいため，低所に滞留しやすい。
(2)　一般に電気の不良導体であり，静電気が蓄積されやすい。
(3)　水よりも軽いものが多く，流動性があり火災が拡大しやすい。
(4)　水に溶けやすいものが多い。
(5)　常温または加熱することにより，可燃性蒸気を発生し，火気等による引火の危険性がある。

【8】　第4類の危険物の一般的性質として，次のうち正しいものはどれか。

(1)　引火点の低いものほど発火点も低い。
(2)　分子量が大きいものほど引火点が低い。
(3)　引火点の低いものほど蒸発しにくい。
(4)　発火点が低いものほど発火しやすい。
(5)　蒸気比重が小さいものほど引火点が高い。

2. 第4類危険物の火災予防

1. 可燃性蒸気について

①　火気や加熱等を避け，みだりに蒸気を発生させない。　⟹　引火の危険性がある。

②　換気や通風を行い，燃焼範囲の下限界よりも低くする。　⟹　低所の換気を行う。

③　発生した蒸気は屋外の高所に排出する。

④　可燃性蒸気が滞留する恐れがある場所では，電気設備は防爆性にして，火花を発生する機械器具等を使用しない。　⟹　引火の恐れがある。

⑤　加熱しながら使用するときは液温に注意する。　⟹　引火の恐れがある。

⑥　液体から発生する蒸気は，地上をはって離れた低いところにたまることがあるので，周囲の火気に気をつける。

2. 静電気について （p.12 参照）

①　危険物の流動，撹はん等により静電気が発生する恐れがある場合は，接地（アース）等により静電気を除去する。

②　静電気の発生を抑えるため，湿度を上げる。

③　静電気が発生するおそれがある場合は，危険物を移動させる流速をできるだけ遅くする。

④　取扱作業をする場合は，電気絶縁性のよい靴やナイロンその他の化学繊維などの衣類は着用しない。

⑤　静電気による災害の発生するおそれのあるものの詰替作業の際には，容器は電気の伝導性が良い床上に置くか，または接地する。

3. 容器について

①　容器は密栓して，直射日光を避け，冷暗所に貯蔵する。

　⟹　密栓をしないと蒸気が漏れる危険性がある。

　⟹　引火点が高いものでも液温が上がると引火の危険がある。

②　容器は満タンにしないで容器の上部に十分な空間をとる。　⟹　体膨張に注意する。

③　容器の詰め替えは屋外で行う。　⟹　蒸気が風に飛ばされ，広く拡散される。

④　使用後の容器でも燃焼範囲の濃度の蒸気が残っている場合があるので取扱いに注意する。

⑤　ドラム缶の栓を開けるときは，ハンマーでたたいてはいけない。　⟹　火花で引火する。

4. その他

①　直射日光を避け冷所に貯蔵する。

②　貯蔵倉庫内の電気設備は，すべて防爆構造のものを使用する。

【1】 次の文の（ ）内の A〜D に当てはまる語句の組合せはどれか。

「第 4 類の危険物の貯蔵または取扱いにあたっては，炎，火花または（A）との接近を避けるとともに，発生した蒸気を屋外の（B）に排出するか，または（C）を良くして蒸気の拡散を図る。また容器に収納する場合は，（D）危険物を詰め，蒸気が漏えいしないように密栓をする。」

	A	B	C	D
(1)	可燃物	低 所	通 風	若干の空間を残して
(2)	可燃物	低 所	通 風	一杯に
(3)	高温体	高 所	通 風	若干の空間を残して
(4)	水 分	高 所	冷暖房	若干の空間を残して
(5)	高温体	低 所	冷暖房	一杯に

【2】 第 4 類の危険物の火災予防の方法として，次のうち誤っているものはどれか。
(1) 室内で取り扱うときは，低所よりも高所の換気を十分に行う。
(2) 引火を防止するため，みだりに火気を近づけない。
(3) 可燃性蒸気を滞留させないため，通風，換気をよくする。
(4) みだりに蒸気を発生させない。
(5) 直射日光をさけ，冷所に貯蔵する。

【3】 第 4 類の危険物に共通する一般的な火災予防の方法として，次のうち誤っているものはどれか。
(1) 可燃性蒸気が滞留するおそれのある場所の電気機器は防爆構造のものとする。
(2) 静電気による災害の発生するおそれのあるものの詰替作業の際には，容器は電気の伝導性が良い床上に置くか，または接地する。
(3) 容器は満タンにし，容器の上部に空間をとらない。
(4) 危険物の入っている容器は，熱源を避けて貯蔵する。
(5) 廃油を焼却する場合は，安全な場所を選んで，監視人を置き，少量ずつ行う。(p,130 参照)

【4】 第 4 類の危険物を貯蔵・取扱う場合の注意事項として，次のうち誤っているものはどれか。
(1) 可燃性蒸気が滞留する恐れのある場所では，火花を発生する機械器具などを使用しない。
(2) 静電気の発生する恐れのある場所では，接地等により静電気を除去する。
(3) 容器は密栓する。
(4) 炎・火花・高温体等との接近または過熱をさける。
(5) 静電気の発生を抑制するため，室内の湿度を低くする。

【5】　第4類の危険物の火災予防の方法として，貯蔵場所は通風・換気に注意しなければならないが，その主な理由は，次のうちどれか。

(1)　室温を引火点以下に保つため。
(2)　静電気の発生を防止するため。
(3)　自然発火を防止するため。
(4)　液温を発火点以下に保つため。
(5)　発生する蒸気の滞留を防ぐため。

【6】　第4類の危険物の貯蔵・取扱いの一般的な注意事項として次のうち正しいものはどれか。

(1)　危険物が貯蔵されていた空容器は，ふたを外し密閉された室内で保管する。
(2)　可燃性蒸気が滞留しやすい場所に設ける電気設備は、防爆構造とする。
(3)　万一流出した場合，多量の水で薄める。
(4)　蒸気の発生を防止するため，空間を残さないよう容器に詰め密栓する。
(5)　容器に詰め替えるときは，蒸気が多量に発生するので，床にくぼみをつくり拡散しないようにする。

【7】　引火性液体の危険物を取扱う際，静電気による火災を防止する措置として，次のうち誤っているものはどれか。

(1)　容器等に小分け作業をする場合は，蒸気及びミストを発散させないようにする。
(2)　水を発散するなどして周囲の湿度を上げる。
(3)　タンク，容器，配管，ノズル等は，できる限り導電性のものを使用し，導体部分は接地する。
(4)　取扱い作業に従事する作業者の靴及び着衣は，絶縁性のある合成繊維のものを着用する。
(5)　取扱う場所は，十分な通風と換気を行い，可燃性蒸気の滞留を抑制する。

【8】　静電気により引火するおそれのある危険物を取扱う場合の火災予防策として，次のA～Eのうち正しいもののみを掲げているものはどれか。

A　室内で取扱う場合は，湿気のない乾燥した場所で取扱う。
B　作業者は合成繊維の作業服を着用する。
C　流動その他静電気の発生するおそれがある場合，接地する等除電する。
D　貯蔵容器から他のタンク等に注入するときは，なるべく流速を速くして，短時間で終了する。
E　ガソリンが入っていた移動貯蔵タンクに軽油や灯油を入れる場合，当該タンクに可燃性のガスが残留していないことを確認してから行う。

(1)　AとC　　　(2)　CとE　　　(3)　BとE　　　(4)　AとD　　　(5)　BとC

3. 第4類危険物の性質

1. 特殊引火物 （指定数量50〔ℓ〕）

特殊引火物とは1気圧において，発火点が**100**〔℃〕**以下**のもの，または引火点が**−20**〔℃〕**以下**で沸点が**40**〔℃〕**以下**のものである。

ジエチルエーテル

液比重	蒸気比重	引火点（℃）	発火点（℃）	沸点（℃）	燃焼範囲（vol%）
0.7	2.6	−45	160	34.6	1.9〜36

性　状	危険性	火災予防方法	消火方法
・**無色の液体** ・揮発しやすく刺激臭がある ・蒸気は麻酔性がある ・水にわずかに溶け，アルコールにはよく溶ける	・引火しやすい ・燃焼範囲が広く，かつ下限界が小さい ・**日光にさらしたり，空気と長く接触させると過酸化物を生じ，加熱，衝撃等により爆発する** ・静電気が発生しやすい	・火気を近づけない ・通風をよくする ・直射日光を避けて冷暗所に貯蔵する ・空気に触れないようにし，容器は密栓する ・沸点以上にならないように冷却装置等を設け，温度管理をする	・わずかに水溶性があるために大量の泡消火剤を使用 ・二酸化炭素 ・耐アルコール泡 ・粉末消火剤 ・ハロゲン化物

☞　引火点は第4類危険物の中で最も低く，極めて引火しやすい。

二硫化炭素

液比重	蒸気比重	引火点（℃）	発火点（℃）	沸点（℃）	燃焼範囲（vol%）
1.26	2.6	−30以下	90	46	1.3〜50

性　状	危険性	火災予防方法	消火方法
・**無色の液体** ・特有の不快臭がある（純品はほとんど無臭） ・蒸気は有毒である ・水に溶けないが，エタノール，ジエチルエーテルには溶ける ・揮発性がある	・引火しやすい ・燃焼範囲が広く，かつ下限界が小さい ・燃焼すると有毒ガス（亜硫酸ガス（SO_2）＝二酸化硫黄）が発生する $CS_2 + 3O_2 \rightarrow 2SO_2 + CO_2$ ・静電気が発生しやすい	・火気を近づけない ・通風をよくする ・直射日光を避けて冷暗所に貯蔵する ・可燃性蒸気の発生を抑制するために**水没貯蔵**する 貯蔵槽（コンクリート）水　二硫化炭素	・水（霧状） ・泡 ・二酸化炭素 ・粉末消火剤 ・水より重いので表面に水を張り水封することにより，窒息消火 ・ハロゲン化物

☞　発火点は第4類危険物の中で最も低い。

アセトアルデヒド

液比重	蒸気比重	引火点（℃）	発火点（℃）	沸　点（℃）	燃焼範囲（vol%）
0.8	1.5	−39	175	21	4.0〜60

性　状	危険性	火災予防方法	消火方法
・無色の液体 ・刺激臭がある ・蒸気は有毒である ・水，アルコール，ジエチルエーテルによく溶ける ・油脂等を溶かす	・沸点が低く揮発性で引火しやすい ・燃焼範囲が広い ・熱または光で分解するとメタンと一酸化炭素になる $CH_3CHO \rightarrow CH_4 + CO$ ・空気と接触し，加圧すると，爆発性の過酸化物を生成するおそれがある ・強い還元性物質である	・ジエチルエーテルに準ずる ・貯蔵する場合は窒素ガス等の不活性ガスを封入する ・容器は鋼製とし，銅，銀を使用しない（爆発性の化合物を生ずるおそれがある）	・水（霧状） ・二酸化炭素 ・耐アルコール泡 ・ハロゲン化物 ・粉末消火剤

☞　・沸点は第4類危険物の中で最も低い。

　　・酸化すると酢酸となる

酸化プロピレン（プロピレンオキサイド）

液比重	蒸気比重	引火点（℃）	発火点（℃）	沸　点（℃）	燃焼範囲（vol%）
0.8	2.0	−37	449	35	2.3〜36

性　状	危険性	火災予防方法	消火方法
・無色の液体 ・エーテル臭がある ・蒸気は有毒である ・水，エタノール，ジエチルエーテルにはよく溶ける	・引火しやすい ・銅，銀等の金属と接触すると重合する性質があり，その際に熱を発生し，火災，爆発の原因となる ・皮膚に付着すると凍傷と同様の症状を呈する	・ジエチルエーテルに準ずる ・貯蔵する場合は窒素ガス等の不活性ガスを封入する	・水（霧状） ・二酸化炭素 ・耐アルコール泡 ・ハロゲン化物 ・粉末消火剤

☞　重合反応とは分子量が増えてくる反応である。

【1】 特殊引火物について，次のうち誤っているものはどれか。

(1) 40〔℃〕以下の温度で沸騰するものがある。

(2) 水より重いものがある。

(3) 発火点が100〔℃〕を超えるものはない。

(4) 水に溶けるものがある。

(5) 引火点が−45〔℃〕のものもある。

【2】 ジエチルエーテルは空気と長く接触し，更に日光にさらされたりすると，加熱，摩擦または衝撃により爆発の危険を生じる。その理由はどれか。

(1) 爆発性の過酸化物を生じるから。

(2) 燃焼範囲が広くなるから。

(3) 酸素と水素を発生するから。

(4) 発火点が著しく低下するから。

(5) 液温が上昇して引火点に達するから。

【3】 ジエチルエーテルの貯蔵，取扱いの方法として，次のうち誤っているものはどれか。

(1) 直射日光をさけ，冷所に貯蔵する。

(2) 容器は密栓する。

(3) 火気及び高温体の接近を避ける。

(4) 建物の内部に滞留した蒸気は，屋外の高所に排出する。

(5) 水より重く，水に溶けにくいので，容器などに水を張って蒸気の発生を抑制する。

【4】 二硫化炭素について，誤っているものはどれか。

(1) 燃焼すると，亜硫酸ガスが発生する。

(2) 可燃性ガスの発生を抑えるために，石油中に貯蔵する。

(3) 液比重は1より大きく，蒸気比重も1より大きい。

(4) エタノール，ジエチルエーテルには溶けるが，水には溶けない。

(5) 蒸気は有毒で，窒息性，刺激性があり，吸入すると危険である。

【5】 二硫化炭素を水槽に入れ，水没しておく理由はどれか。

(1) 沸点以上にならないように冷却するため。

(2) 可燃物との接触をさけるため。

(3) 可燃性蒸気の発生を防ぐため。

(4) 水と反応して安定な化合物を形成するため。

(5) 空気中の酸素と結合することを防ぐため。

【6】　ジエチルエーテルと二硫化炭素について，次のうち誤っているものはどれか。

(1)　どちらも発火点はガソリンより低い。

(2)　どちらも水より重い。

(3)　どちらも二酸化炭素，粉末消火剤などが消火剤として有効である。

(4)　どちらもアルコールによく溶ける。

(5)　どちらも燃焼範囲が極めて広い。

【7】　アセトアルデヒドの性状として，次のうち誤っているものはどれか。

(1)　貯蔵する場合は，不活性ガスを封入する。

(2)　沸点が高く，常温（20〔℃〕）では揮発しにくい。

(3)　特有の刺激臭を有する液体である。

(4)　水，エタノールによく溶ける。

(5)　無色透明の液体である。

【8】　酸化プロピレンの性状として，次のうち誤っているものはどれか。

(1)　無色の液体である。

(2)　貯蔵するときは不活性ガスを封入する。

(3)　蒸気は有毒である。

(4)　水には全く溶けない液体である。

(5)　銅，銀等の金属と接触すると熱を発生し，火災，爆発の原因となる。

【9】　特殊引火物について，次の A～E のうち正しいものはいくつあるか。

　　A　アセトアルデヒドは非常に揮発しやすい。

　　B　ジエチルエーテルは特有の刺激性の臭気があり，燃焼範囲は比較的広い。

　　C　二硫化炭素は無臭の液体で水に溶けやすく，また水より軽い。

　　D　酸化プロピレンは，重合反応を起こし大量の熱を出す。

　　E　二硫化炭素は，発火点が特に低い危険物の１つである。

(1)　1つ

(2)　2つ

(3)　3つ

(4)　4つ

(5)　5つ

2. 第 1 石油類

第1石油類とは1気圧において**引火点が 21〔℃〕未満**のものである。

非水溶性液体 (指定数量 200〔ℓ〕)

ガソリン

液比重	蒸気比重	引火点（℃）	発火点（℃）	燃焼範囲（vol%）
0.65〜0.75	3〜4	−40 以下	約300	1.4〜7.6

性　状	危険性	火災予防方法	消火方法
・**無色の液体** ・揮発しやすく特有の臭気がある ・水には溶けない ・ゴム，油脂等を溶かす ・電気の不良導体である ・炭素数は 4〜12 程度の炭化水素である ・発熱量 　41,860〜50,232kJ/kg	・引火しやすい ・蒸気は空気より約3倍〜4倍重いので低所に滞留しやすい ・電気の不良導体であるため，流動などの際に静電気が発生しやすい	・火気を近づけない ・火花を発生する機械器具等を使用しない ・通風，換気をよくする ・容器は密栓し，冷暗所に貯蔵する ・静電気の蓄積を防ぐ ・川，下水溝等に流出させない	・泡 ・二酸化炭素 ・ハロゲン化物 ・粉末消火剤

☞　ガソリン ─┬─ 自動車ガソリン ──┐
　　　　　　　　　　・オレンジ系色に着色してある　　├─ 消防法でガソリンとなる
　　　　　　　　　　・沸点範囲　　40〜220℃ ──┘
　　　　　　　├─ 工業ガソリン
　　　　　　　　　　ベンジン，ゴム揮発油，大豆揮発油
　　　　　　　└─ 航空ガソリン

ベンゼン（ベンゾール）

液比重	蒸気比重	引火点（℃）	発火点（℃）	沸　点（℃）	融　点（℃）	燃焼範囲（vol%）
0.9	2.8	−11.1	498	80	5.5	1.2〜7.8

性　状	危険性	火災予防方法	消火方法
・**無色の液体** ・芳香がある ・水には溶けず，アルコール，ジエチルエーテルなどの有機溶剤に溶け，有機物を溶かす ・揮発性を有し有毒である	・ガソリンに準ずる ・毒性が強く，蒸気を吸入すると急性または慢性中毒症状を呈する	・ガソリンに準ずる ・冬期，固化したしたものでも引火の危険性があるので火気に注意する	・ガソリンに準ずる

トルエン（トルオール）

液比重	蒸気比重	引火点（℃）	発火点（℃）	沸 点（℃）	燃焼範囲（vol%）
0.9	3.1	4	480	111	1.1～7.1

性　状	危険性	火災予防方法	消火方法
・無色の液体 ・特有の臭気がある ・揮発性を有する ・水には溶けず，アルコール，ジエチルエーテルなどの有機溶剤によく溶ける ・蒸気の毒性はベンゼンより低い	・ガソリンに準ずる	・ガソリンに準ずる	・ガソリンに準ずる

n - ヘキサン

液比重	蒸気比重	引火点（℃）	沸 点（℃）	融 点（℃）	燃焼範囲（vol%）
0.7	3.0	−20 以下	69	−95	1.1～7.5

性　状	危険性	火災予防方法	消火方法
・無色の液体 ・かすかな特有の臭気がある ・水には溶けないが，エタノール，ジメチルエーテルなどによく溶ける	・ガソリンに準ずる	・ガソリンに準ずる	・ガソリンに準ずる

酢酸エチル

液比重	蒸気比重	引火点（℃）	発火点（℃）	沸 点（℃）	融 点（℃）	燃焼範囲（vol%）
0.9	3.0	−4	426	77	−83.6	2.0～11.5

性　状	危険性	火災予防方法	消火方法
・無色の液体 ・果実のような芳香がある ・水には少し溶け，ほとんどの有機溶剤に溶ける	・引火しやすい ・流動などの際に静電気を発生しやすい	・ガソリンに準ずる	・ガソリンに準ずる

メチルエチルケトン

液比重	蒸気比重	引火点（℃）	発火点（℃）	沸 点（℃）	融 点（℃）	燃焼範囲（vol%）
0.8	2.5	−9	404	80	−86	1.4～11.4

性　状	危険性	火災予防方法	消火方法
・無色の液体 ・アセトンに似た臭気がある ・水には少し溶け，アルコール，ジエチルエーテルなどによく溶ける	・引火しやすい	・火気を近づけない ・通風をよくする ・冷暗所に貯蔵する ・容器は密栓する	・水（霧状） ・二酸化炭素 ・耐アルコール泡 ・ハロゲン化物 ・粉末消火剤

☞　塗料溶剤，脱ろう溶剤などに用いられる。

水溶性液体 <small>（指定数量 400〔ℓ〕）</small>

アセトン（ジメチルケトン）

液比重	蒸気比重	引火点（℃）	発火点（℃）	沸　点（℃）	燃焼範囲（vol%）
0.8	2.0	−20	465	56	2.5〜12.8

性　状	危険性	火災予防方法	消火方法
・無色透明の液体 ・特異臭がある ・水，アルコール，ジエチルエーテルによく溶ける ・溶剤として用いられる ・揮発しやすい	・引火しやすい ・静電気の火花で着火することがある	・火気を近づけない ・貯蔵または取扱場所は通風をよくする ・直射日光を避けて冷暗所に貯蔵する ・容器は密栓する	・水（霧状） ・耐アルコール泡 ・二酸化炭素 ・ハロゲン化物 ・粉末消火剤

☞　一般の泡消火剤は使用できない。耐アルコール泡を使用する。

ピリジン

液比重	蒸気比重	引火点（℃）	発火点（℃）	沸　点（℃）	燃焼範囲（vol%）
0.98	2.7	20	482	115.5	1.8〜12.4

性　状	危険性	火災予防方法	消火方法
・無色の液体 ・悪臭がある ・毒性がある ・水，アルコール，ジエチルエーテル，アセトンなどの有機溶剤と自由に混合する ・溶解能力が大きく，多くの有機物を溶かす	・引火しやすい ・蒸気は空気より重いので低所に滞留しやすい	・アセトンに準ずる	・アセトンに準ずる

ジエチルアミン

液比重	蒸気比重	引火点（℃）	発火点（℃）	沸　点（℃）	融　点（℃）	燃焼範囲（vol%）
0.7	2.5	−23	312	57	−50	1.8〜10.1

性　状	危険性	火災予防方法	消火方法
・無色の液体 ・アンモニア臭がある ・水，エタノールと混和する	・ピリジンに準ずる	・アセトンに準ずる	・アセトンに準ずる

【1】 第1石油類の一般的性状について，次のうち正しいものはどれか。

(1) 引火点は21〔℃〕以上70〔℃〕未満である。

(2) アルコール類に比べて引火の危険性は小さい。

(3) 1気圧において引火点が21〔℃〕未満のものである。

(4) 発火点は100〔℃〕以下である。

(5) 水によく溶ける。

【2】 ガソリンについて，正しいものはどれか。

(1) 軽油に比べて引火点が高い。

(2) 燃焼範囲はメタノールより広い。

(3) 純粋なものは，無色無臭である。

(4) 炭素数4〜12程度の炭化水素である。

(5) 電気の良導体である。

【3】 自動車ガソリンの性状として，次のうち誤っているものはどれか。

(1) 水より軽い。

(2) 引火点は−40〔℃〕以下である。

(3) 流動により静電気が発生しやすい。

(4) 燃焼範囲は，おおむね1.4〜7.6〔vol%〕である。

(5) 褐色または暗褐色の液体である。

【4】 ガソリンの性状として，次のうち誤っているものはどれか。

(1) 工業ガソリンは無色の液体であるが，自動車ガソリンはオレンジ系色に着色されている。

(2) 各種の炭化水素の混合物である。

(3) 発火点はおおむね10〔℃〕以下で，第4類危険物の中で最も低い。

(4) 自動車ガソリンの燃焼範囲は，おおむね1.4〜7.6〔vol%〕である。

(5) 蒸気は空気より重い。

【5】 ガソリンの一般的性状について，次のA〜Eのうち，誤っているものの組合せはどれか。

A 揮発性が高く，蒸気は空気より重い。

B 液体の比重は，1以上である。

C 電気の不導体で，静電気を発生しやすい。

D 燃焼範囲の上限値は，10〔vol%〕を超える。

E 引火点が低く，冬の屋外でも引火の危険性がある。

(1) AとD

(2) BとC

(3) BとD

(4) CとE

(5) DとE

【6】 ガソリンの性状として，次のうち正しいものはどれか。

(1) 燃焼範囲は，二硫化炭素より広い。

(2) 水より重い。

(3) 引火点は常温（20〔℃〕）より高い。

(4) 発火点は二硫化炭素より低い。

(5) 発生する蒸気は，空気より重い。

【7】 室内でガソリンを貯蔵する場合，換気の必要な理由はどれか。

(1) 蒸気が，空気中の酸素と反応して無害の気体に変わるため。

(2) 引火点を上昇させるため。

(3) 蒸気が滞留して燃焼範囲になるのを防ぐため。

(4) 静電気の発生を抑えるため。

(5) 蒸気濃度を均一にするため。

【8】 ガソリンの性状として，次のうち誤っているものはどれか。

(1) ガソリンは自動車ガソリン，航空ガソリン，工業ガソリンの3種類に分けられる。

(2) 炭素数4〜12の炭化水素である。

(3) 皮膚に触れると，皮膚炎を起こすことがある。

(4) 不純物として，微量の有機硫黄化合物などが含まれることがある。

(5) 水に溶けやすい。

【9】 自動車ガソリンの一般的性状として，次のうち誤っているものはどれか。

(1) 液体の比重は0.65〜0.75である。

(2) 蒸気の比重（空気＝1）は3〜4である。

(3) 燃焼範囲の上限値は7.6〔vol%〕である。

(4) 引火点は−30〔℃〕である。

(5) 発火点は300〔℃〕である。

【10】 ベンゼン（ベンゾール）の性状として，次のうち誤っているものはどれか。

(1) 水によく溶けるが多くの有機溶剤には溶けない。

(2) 一般に樹脂，油脂などをよく溶かす。

(3) 融点が低く，5.5〔℃〕であるため冬季には固化することがある。

(4) 蒸気は毒性が強いため吸入すると危険である。

(5) 揮発性のある無色の液体で芳香性がある。

【11】　トルエン（トルオール）の性状として，次のうち誤っているものはどれか。

(1)　特有の臭気を有している。

(2)　水によく溶ける。

(3)　揮発性があり，蒸気は空気より重い。

(4)　アルコール，ベンゼン等の有機溶剤に溶ける。

(5)　無色の液体である。

【12】　ベンゼンとトルエンについて，次のうち誤っているものはどれか。

(1)　いずれもアルコールなどの有機溶剤に溶ける。

(2)　いずれも引火点は常温（20〔℃〕）より低い。

(3)　トルエンは水に溶けないが，ベンゼンは水によく溶ける。

(4)　蒸気はいずれも有毒であるが，その毒性はベンゼンのほうが強い。

(5)　いずれも無色の液体で水より軽い。

【13】　n - ヘキサンの性状について，次のうち誤っているものはどれか。

(1)　引火点は，常温（20〔℃〕）以下である。

(2)　水には溶けない。

(3)　エタノール，ジメチルエーテルによく溶ける。

(4)　無色の揮発性の液体である。

(5)　水よりも重い。

【14】　メチルエチルケトンの貯蔵または取扱いの注意事項として，次のうち誤っているものはどれか。

(1)　換気をよくすること。

(2)　火気を近づけないこと。

(3)　日光の直射を避けること。

(4)　冷暗所に貯蔵すること。

(5)　貯蔵容器は通気口付きのものを使用すること。

【15】　アセトンの性状として，次のうち誤っているものはどれか。

(1)　アルコール，水には溶けない。

(2)　水より軽い。

(3)　揮発しやすい。

(4)　無色で特異臭のある液体である。

(5)　発生する蒸気は空気より重く，低所に滞留しやすい。

3. アルコール類 (指定数量 400〔ℓ〕)

アルコール類は炭化水素化合物の水素（H）が水酸基（OH）に置換した化合物である。また，消防法では炭素数1個から3個までの飽和1価アルコール（変性アルコールを含む）の60〔%〕以上の水溶液をアルコール類と定めている。

メタノール（メチルアルコール）（木精）

液比重	蒸気比重	引火点（℃）	発火点（℃）	沸 点（℃）	燃焼範囲（vol%）
0.8	1.1	11	464	64	6.0～36

性 状	危険性	火災予防方法	消火方法
・**無色の液体** ・特有の芳香がある ・水，エタノール，ジエチルエーテル，その他多くの有機溶剤によく溶け，有機物をよく溶かす ・揮発性がある ・**毒性がある**	・冬期は燃焼性混合気を生成しないが，加熱または夏期で液温が高いときは引火の危険がある ・**炎の色が淡いために認識しづらい** ・無水クロム酸と接触すると激しく反応し，発火することがある	・火気を近づけない ・火花を発生する機械器具を使用しない ・通風，換気をよくする ・容器は密栓し，冷暗所に貯蔵する ・川，下水溝などに流出させない	・耐アルコール泡 ・二酸化炭素 ・粉末消火剤 ・ハロゲン化物

☞ ・メタノールを飲むと，失明したり，死にいたることがある。
　・自動車の燃料として使われている。

エタノール（エチルアルコール）（酒精）

液比重	蒸気比重	引火点（℃）	発火点（℃）	沸 点（℃）	燃焼範囲（vol%）
0.8	1.6	13	363	78	3.3～19

性 状	危険性	火災予防方法	消火方法
・**無色の液体** ・特有の芳香と味がある ・水，ジエチルエーテル，その他多くの有機溶剤によく溶け，有機物をよく溶かす ・揮発性がある ・麻酔性がある ・**毒性はない**	・**メタノールに準ずる** ・13～38〔℃〕において液面上の空間は爆発性の混合ガスを形成しているので，引火爆発に注意する	・**メタノールに準ずる**	・**メタノールに準ずる**

☞ ・酒類の主成分である。
　・医薬品などの製造・消毒剤・防腐剤などに使用される。
　・濃硫酸との混合物を140℃に熱すれば，ジエチルエーテルが抽出される。

n - プロピルアルコール（1−プロパノール）

液比重	蒸気比重	引火点（℃）	発火点（℃）	沸　点（℃）	燃焼範囲（vol%）
0.8	2.1	23	412	97.2	2.1〜13.7

性　状	危険性	火災予防方法	消火方法
・無色透明の液体 ・水，エタノール，ジエチルエーテルに溶ける ・塩化カルシウムの冷飽和水溶液には溶けないので，エタノールと区別される	・メタノールに準ずる	・メタノールに準ずる	・メタノールに準ずる

イソプロピルアルコール（2−プロパノール）

液比重	蒸気比重	引火点（℃）	発火点（℃）	沸　点（℃）	燃焼範囲（vol%）
0.79	2.1	15	399	82	2.0〜12.7

性　状	危険性	火災予防方法	消火方法
・無色の液体 ・特有の芳香がある ・水，エーテルに溶ける	・メタノールに準ずる	・メタノールに準ずる	・メタノールに準ずる

■ ■ ■ ■ ■ ■ 練習問題 ■ ■ ■ ■ ■

【1】 アルコール類について該当する語句として正しいものはどれか。

「分子を構成する炭素の原子の数が 1 個から 3 個までの飽和 1 価アルコールの含有量が（　　　）以上の水溶液」

(1)　50〔%〕　　(2)　60〔%〕　　(3)　70〔%〕　　(4)　90〔%〕　　(5) 100〔%〕

【2】 アルコール類についての説明で，誤っているものはどれか。

(1)　引火点が常温（20〔℃〕）より高いものがある。

(2)　蒸気比重は分子量が大きくなるにつれて，大きくなる。

(3)　炭素数は 4 個までの 1 価の飽和アルコールがアルコール類である。

(4)　酒類の主成分は，エタノールである。

(5)　メタノールのように，毒性のものがある。

【3】 メタノールの性状について，次のうち誤っているものはどれか。
(1) 常温（20〔℃〕）で引火する。
(2) 特有の芳香がある。
(3) 毒性はエタノールより低い。
(4) 沸点は 64〔℃〕である。
(5) 燃焼しても炎の色が淡く，見えないことがある。

【4】 エタノールの性状として，次のうち誤っているものはどれか。
(1) 揮発性の無色の液体で，特有の芳香を有する。
(2) 水，ジエチルエーテルなどと自由に混合する。
(3) 燃焼範囲はガソリンより狭く，引火点は常温（20〔℃〕）より高い。
(4) メタノールのような毒性はなく，医薬品などの製造，消毒剤，防腐剤などに使用される。
(5) 水より軽く，蒸気は空気より重い。

【5】 メタノールとエタノールに共通する性状として，次のうち誤っているものはどれか。
(1) 沸点は 100〔℃〕である。
(2) 水とどんな割合にも溶け合う。
(3) 発生する蒸気は空気より重い。
(4) 水より軽い液体である。
(5) 引火点は灯油より低い。

【6】 メタノールとエタノールに共通する性質として，次のうち誤っているものはどれか。
(1) 引火点は 0〔℃〕以下である。
(2) 水または多くの有機溶剤とよく溶け合う。
(3) 青白い炎を上げて燃焼する。
(4) 燃焼する際は，すすを発生することなく，青白い炎を出して燃えるため，日中では炎が見えないことがある。
(5) 沸点は水より低い。

【7】 メタノール，エタノール，n - プロピルアルコール，イソプロピルアルコールについて，次のうち誤っているものはどれか。
(1) 揮発性があり，無色で特有の芳香がある。
(2) 水によく溶ける。
(3) 炎の色が淡いために認識しづらい。
(4) 消火には，耐アルコール泡を用いる。
(5) 毒性はない。

4. 第2石油類

第2石油類とは，1気圧において引火点が21〔℃〕以上，70〔℃〕未満のものである。

非水溶性液体 (指定数量1,000〔ℓ〕)

灯油（ケロシン）

液比重	蒸気比重	引火点（℃）	発火点（℃）	沸点範囲（℃）	燃焼範囲（vol%）
0.8	4.5	40 以上	220	145〜270	1.1〜6.0

性　状	危険性	火災予防方法	消火方法
・**無色またはやや黄色の液体** ・特異臭がある ・炭素数 11〜13 の炭化水素を主成分としている ・水には溶けず，油脂等を溶かす	・加熱等により液温が引火点以上になると引火する ・霧状で浮遊するとき，または布等に浸みこんだ状態のときは引火する危険性が増大する ・蒸気は空気より重いので低所に滞留しやすい ・**静電気が発生しやすい** ・**ガソリンと混合したものは引火しやすい**	・火気を近づけない ・火花を発生する機械器具等を使用しない ・通風，換気をよくする ・容器は密栓し，冷暗所に貯蔵する ・川，下水溝等に流出させない ・液温が引火点以上になった時は注意する	・泡 ・二酸化炭素 ・ハロゲン化物 ・粉末消火剤

☞ ・古くなったものは，淡黄色ないし茶色に変色することがある。
　・ストーブの燃料や溶剤等に使用される。
　・市販の白灯油の引火点は一般に 45〜55〔℃〕である。

軽油（ディーゼル油）

液比重	蒸気比重	引火点（℃）	発火点（℃）	沸点範囲（℃）	燃焼範囲（vol%）
0.85	4.5	45 以上	220	170〜370	1.0〜6.0

性　状	危険性	火災予防方法	消火方法
・淡黄色または淡褐色の液体 ・水には溶けない	・灯油に準ずる	・灯油に準ずる	・灯油に準ずる

☞ ・水より蒸発しにくい。
　・ディーゼルエンジンの燃料に使用される。

誤って灯油・軽油にガソリンを混入した場合

① ガソリン蒸気の一部が灯油に溶け込み，ガソリン蒸気が希薄になることにより，燃焼範囲内の混合気をつくることがあるので，危険性が大きい。

② ガソリン成分の低沸点のものが先に蒸発し，灯油や軽油の引火点より低い温度で引火する危険性がある。

クロロベンゼン

液比重	蒸気比重	引火点（℃）	沸　点（℃）	融　点（℃）	燃焼範囲（vol%）
1.1	3.9	28	132	−44.9	1.3〜9.6

性　状	危険性	火災予防方法	消火方法
・無色透明の液体 ・水には溶けず，アルコール，エーテルには溶ける ・若干の麻酔性がある	・加熱等により液温が引火点以上になると引火する危険性がある ・霧状で浮遊するとき，または布等に浸みこんだ状態のときは引火する危険性が増大する ・蒸気は空気より重いので低所に滞留しやすい ・静電気が発生しやすい	・灯油に準ずる	・灯油に準ずる

☞　染料中間物，溶剤，医薬品，香料等に使用される。

キシレン（キシロール）　　（パラキシレン）

液比重	蒸気比重	引火点（℃）	発火点（℃）	沸　点（℃）	融　点（℃）	燃焼範囲（vol%）
0.86	3.66	27	528	138	13.2	1.1〜7.0

性　状	危険性	火災予防方法	消火方法
・無色の液体 ・特有の臭気がある ・3種類の異性体（オルトキシレン，メタキシレン，パラキシレン）が存在する	・クロロベンゼンに準ずる	・灯油に準ずる	・灯油に準ずる

n - ブチルアルコール（1−ブタノール）

液比重	引火点（℃）	発火点（℃）	沸　点（℃）	燃焼範囲（vol%）
0.8	29	343	117.3	1.4〜11.2

性　状	危険性	火災予防方法	消火方法
・無色透明の液体 ・炭素数が4となるため，アルコール類には分類されない ・大量の水には溶け込むが，部分的に溶け残る	・灯油に準ずる	・灯油に準ずる	・灯油に準ずる

水溶性液体 <small>(指定数量 2,000〔ℓ〕)</small>

酢酸（氷酢酸）

液比重	蒸気比重	引火点（℃）	発火点（℃）	沸　点（℃）	融　点（℃）	燃焼範囲（vol%）
1.05	2.1	39	463	118	16.7	4.0～19.9

性　状	危険性	火災予防方法	消火方法
・無色透明の液体 ・刺激臭がある ・水，エタノール，ジエチルエーテル，ベンゼンによく溶ける ・エタノールと反応して酢酸エステルを生成する ・高濃度の酢酸は約 17〔℃〕以下になると凝固する ・水溶液は弱い酸性を示す	・可燃性である ・強い腐食性の有機酸で，高濃度のものより水溶性の方が腐食性は強い ・金属を強く腐食する。 ・皮膚に触れると火傷を起こし，濃い蒸気を吸入すると粘膜が炎症する	・火気を近づけない ・火花を発生する機械器具などを使用しない ・通風，換気をよくする。 ・容器は密栓し，冷暗所に貯蔵する ・川，下水溝などに流出させない ・コンクリートを腐食させるのでアスファルト等の腐食しない材料を使用する	・二酸化炭素 ・耐アルコール泡 ・粉末消火剤

☞　・食酢は酢酸の 3～5〔%〕の水溶液である。

　　・一般的には純度 96〔%〕以上のものは冬に凍結することから氷酢酸といわれている。

プロピオン酸

液比重	蒸気比重	引火点（℃）	発火点（℃）	沸　点（℃）
1.00	2.56	52	465	140.8

性　状	危険性	火災予防方法	消火方法
・無色透明の液体 ・水，アルコール，エーテル，ベンゼン，クロロホルムによく溶ける	・酢酸に準ずる	・酢酸に準ずる	・酢酸に準ずる

アクリル酸

液比重	蒸気比重	引火点（℃）	発火点（℃）	沸　点（℃）
1.06	2.45	51	438	141

性　状	危険性	火災予防方法	消火方法
・無色透明の液体 ・水，ベンゼン，アルコール，クロロホルム，エーテル，アセトンによく溶ける	・酢酸に準ずる	・酢酸に準ずる	・酢酸に準ずる

===== 練習問題 =====

【1】 第 2 石油類について，誤っているものはどれか。

(1) 灯油，軽油，キシレン，酢酸等がある。

(2) いずれも液比重は 1 より小さく，蒸気比重は 1 より大きい。

(3) いずれも引火点は 21〔℃〕以上である。

(4) いずれも消火には二酸化炭素や粉末消火剤が有効である。

(5) いずれも沸点は 100〔℃〕以上である。

【2】 灯油の性状として，次のうち誤っているものはどれか。

(1) 引火点はトルエンより高い。

(2) 水より軽い。

(3) 電気の不導体である。

(4) 発火点は約 100〔℃〕である。

(5) 水に溶けない。

【3】 灯油の性状として，次のうち正しいものはどれか。

(1) 液温が常温（20〔℃〕）程度でも引火の危険性がある。

(2) 水によく溶ける。

(3) オレンジ色の液体である。

(4) 流動等により静電気を発生する。

(5) 発火点は 100〔℃〕より低い。

【4】 軽油について，次のうち誤っているものはどれか。

(1) 水より軽い。

(2) 沸点は水より高い。

(3) 蒸気は空気よりわずかに軽い。

(4) ディーゼル機関などの燃料に用いられる。

(5) 引火点は，45〔℃〕以上である。

【5】 軽油について，次のうち誤っているものはどれか。

(1) 水より蒸発しにくい。

(2) 引火点は，30〔℃〕～40〔℃〕の範囲内である。

(3) 淡黄色または淡褐色の液体である。

(4) 水より軽く，かつ水に溶けない。

(5) ガソリンが混合された軽油は引火の危険性が高くなる。

【6】 軽油を次の状態にした場合，引火の危険性が高くならないものはいくつあるか。

   A 噴霧状態にする。

   B かき混ぜて静電気を帯電させる。

   C 同量の重油を混ぜる。

   D 木綿に浸みこませる。

   E 40〔℃〕の温水を加える。

(1) 1つ

(2) 2つ

(3) 3つ

(4) 4つ

(5) 5つ

【7】 灯油及び軽油に共通する性状として，A〜Eのうち誤っているものはいくつあるか。

   A 引火点は，常温（20〔℃〕）より高い。

   B 発火点は，100〔℃〕より低い。

   C 蒸気は，空気より重い。

   D 水に溶けない。

   E 水より重い。

(1) 1つ

(2) 2つ

(3) 3つ

(4) 4つ

(5) 5つ

【8】 灯油と軽油について，次のうち正しいものはどれか。

(1) 灯油は一種の植物油であり，軽油は石油製品である。

(2) ともに液温が常温（20〔℃〕）付近のときでも引火する。

(3) ともに第3石油類に属する。

(4) ともに電気の不導体で，流動により静電気が発生しやすい。

(5) ともに精製したものは無色であるが，灯油はオレンジ色に着色されている。

【9】 クロロベンゼンの性状として，次のうち正しいものはどれか。

(1) 麻酔性はない。
(2) 蒸気の燃焼範囲は 1〜20vol% である。
(3) 水，アルコールには溶けない。
(4) 無色透明の液体である。
(5) 引火点は常温（20℃）より低い。

【10】 キシレンの性状として，次のうち誤っているものはどれか。

(1) 無臭である。
(2) 無色の液体である。
(3) 静電気が発生しやすい。
(4) 水よりも軽い。
(5) 3つの異性体が存在する。

【11】 n - ブチルアルコールの性状として，次のうち誤っているものはどれか。

(1) 水より軽い。
(2) 大量の水には溶け込むが，少し溶け残る。
(3) アルコール類に分類される。
(4) 無色透明の液体である。
(5) 引火点は常温（20〔℃〕）より高い。

【12】 酢酸の性状について，次のうち誤っているものはどれか。

(1) 高濃度の酢酸は，低温で氷結するため氷酢酸と呼ばれる。
(2) ジエチルエーテルに溶ける。
(3) 粘性が高く，水には溶けない。
(4) アルコールと反応して酢酸エステルをつくる。
(5) 金属を強く腐食する。

【13】 アクリル酸の性状として，次のうち誤っているものはどれか。

(1) 水より重い。
(2) 蒸気は空気より重い。
(3) 水に溶けるが，ベンゼン，エーテルには溶けない。
(4) 引火点は常温（20〔℃〕）より高い。
(5) 無色透明の液体である。

5. 第3石油類

第3石油類とは，1気圧において 20〔℃〕で液体であり，かつ**引火点が 70〔℃〕以上，200〔℃〕未満**。

非水溶性液体 (指定数量 2,000 〔ℓ〕)

重油

液比重	引火点 （℃）	発火点 （℃）	沸　点 （℃）	発熱量 （kJ/kg）
0.9〜1.0	60〜150	250〜380	300 以上	41,860

性　状	危険性	火災予防方法	消火方法
・褐色または暗褐色の液体 ・粘性がある ・水に溶けない	・加熱しない限り引火する危険性は少ない ・霧状になったものは引火点以下でも危険である ・**燃焼温度が高いために消火が困難になる** ・不純物として含まれる硫黄は燃えると二酸化硫黄 (SO_2) になる	・冷暗所に貯蔵する ・分解重油は自然発火に注意する ・容器は密栓する	・泡 ・二酸化炭素 ・ハロゲン化物 ・粉末消火剤

☞ ・動粘度により 1 種（A 重油），2 種（B 重油），**3 種（C 重油）** に分類される
　・1 種（A 重油）…引火点 60〔℃〕以上
　　2 種（B 重油）…引火点 60〔℃〕以上
　　3 種（C 重油）…引火点 70〔℃〕以上
　・A 重油，B 重油，C 重油の順に粘性が大きくなる。
　・**分解重油**…ナフサを分解した時に出来る副産物。
　・原油の常圧蒸留により得られる。

クレオソート油

液比重	引火点 （℃）	発火点 （℃）	沸　点 （℃）
1.0 以上	73.9	336.1	200 以上

性　状	危険性	火災予防方法	消火方法
・黄色または暗緑色の液体 ・特異臭がある ・水には溶けず，アルコール，ベンゼンには溶ける	・加熱しない限り引火する危険性は少ない ・霧状になったものは引火点以下でも危険である ・燃焼温度が高い ・蒸気は有害である	・冷暗所に貯蔵する ・容器は密栓する	・重油に準ずる

☞ コールタールを分留するとき 230〜270〔℃〕の間の留出物。

アニリン

液比重	蒸気比重	引火点（℃）	発火点（℃）	沸　点（℃）
1.01	3.2	70	615	184.6

性　状	危険性	火災予防方法	消火方法
・無色または淡黄色の液体 ・特異臭がある ・水には溶けにくいが，エタノール，ジエチルエーテル，ベンゼンなどにはよく溶ける	・クレオソート油に準ずる	・クレオソート油に準ずる	・クレオソート油に準ずる

☞　・普通は光または空気の作用により褐色に変化している。
　　・さらし粉溶液を加えると赤紫色を呈する。

ニトロベンゼン（ニトロベンゾール）

液比重	蒸気比重	引火点（℃）	発火点（℃）	沸　点（℃）	融　点（℃）	燃焼範囲（vol%）
1.2	4.3	88	482	211	5.8	1.8～40

性　状	危険性	火災予防方法	消火方法
・淡黄色または暗黄色の液体 ・芳香がある ・水には溶けにくいが，エタノール，ジエチルエーテルなどには溶ける ・爆発性はない	・加熱しない限り引火する危険性は少ない ・蒸気は有害である	・クレオソート油に準ずる	・クレオソート油に準ずる

☞　ベンゼン環にニトロ基がついたニトロ化合物（第5類に品名該当）であるが，
　　第5類の危険性状を有しておらず，炭化水素に似たところが多い。

水溶性液体 (指定数量 4,000〔ℓ〕)

エチレングリコール

液比重	蒸気比重	引火点（℃）	発火点（℃）	沸　点（℃）
1.1	2.1	111	398	197.9

性　状	危険性	火災予防方法	消火方法
・無色透明の液体 ・甘味がある ・粘性が大きい ・水，エタノール等には溶けるが，二硫化炭素，ベンゼン等には溶けない	・加熱しない限り引火する危険性は少ない	・火気を近づけない ・容器は密栓する	・二酸化炭素 ・粉末消火剤

グリセリン

液比重	蒸気比重	引火点（℃）	発火点（℃）	沸　点（℃）	融　点（℃）
1.3	3.1	199	370	291	18.1

性　状	危険性	火災予防方法	消火方法
・無色の液体 ・甘味がある ・水，エタノールには溶けるが，二硫化炭素，ベンゼンには溶けない	・エチレングリコールに準ずる	・エチレングリコールに準ずる	・エチレングリコールに準ずる

☞　ニトログリセリンの原料となる。

===== 練習問題 =====

【1】 第3石油類について，誤っているものはどれか。

　(1)　引火点が 70〔℃〕以上 250〔℃〕未満の液体である。

　(2)　水より重いものがある。

　(3)　重油やグリセリンが該当する。

　(4)　常温では引火する危険性は少ない。

　(5)　消火には二酸化炭素や粉末消火剤が有効である。

【2】 重油の性状として，次のうち誤っているものはどれか。

　(1)　褐色または暗褐色の粘性のある液体である。

　(2)　一般に水より重い。

　(3)　C重油の引火点は 70〔℃〕以上である。

　(4)　ぼろ布に浸みこんだものは，火がつきやすい。

　(5)　火災の場合は，窒息消火が効果的である。

【3】 重油の性状として，次のうち誤っているものはどれか。

　(1)　日本工業規格では，1種（A重油），2種（B重油）及び3種（C重油）に分類されている。

　(2)　水に溶けない。

　(3)　種類などにより，引火点は異なる。

　(4)　発火点は，70 〜 150〔℃〕である。

　(5)　不純物として含まれている硫黄は，燃えると有害ガスになる。

【4】　次の文の下線部分 A〜E のうち，誤っている箇所はどれか。

　　　「重油は，（A）褐色または暗褐色の液体で，（B）C 重油の引火点は一般に 70〔℃〕以上と高く，（C）常温（20〔℃〕）で液体のまま取り扱えば引火の危険は少ないが，いったん燃え始めると，（D）液温が高くなっているので消火が困難な場合がある。大量に燃えている火災の消火には，（E）棒状注水が適する。」

- (1) A
- (2) B
- (3) C
- (4) D
- (5) E

【5】　クレオソート油の性状として，次のうち正しいものはどれか。

- (1) 無色，無臭の液体である。
- (2) 蒸気は引火する危険は少ない。
- (3) 燃焼温度は低い。
- (4) アルコール，ベンゼンに溶ける。
- (5) 水より軽い。

【6】　アニリンの性状として，次のうち誤っているものはどれか。

- (1) 水に溶けにくい。
- (2) 蒸気比重は空気より重い。
- (3) 蒸気は有害である。
- (4) エタノールやベンゼンによく溶ける。
- (5) 無色無臭の液体である。

【7】　グリセリンの性状として，次のうち誤っているものはどれか。

- (1) 加熱しない限り引火する危険は少ない。
- (2) 水に溶けない。
- (3) 蒸気の比重は空気よりも重い。
- (4) 二硫化炭素，ベンゼンには溶けない。
- (5) 甘味のある無色の液体である。

6. 第4石油類 (指定数量 6,000〔ℓ〕)

第4石油類とは，1気圧において 20〔℃〕で液体であり，かつ**引火点が 200〔℃〕以上，250〔℃〕未満**のものである。ただし，可燃性液体量が **40〔%〕以下**のものは除外される。

第4石油類に該当するものとして**潤滑油**と**可塑剤**がある。潤滑油には絶縁油，タービン油，マシン油，切削油等の石油系潤滑油が最も広く使用されており，可塑剤にはフタル酸エステル，りん酸エステル，脂肪酸エステル等の化合物が用いられている。

性　　状	危険性	火災予防方法	消火方法
・水に溶けず，粘性が大きい ・水よりも軽いものが多い	・加熱しない限り引火する危険性は少ない ・いったん火災になると液温が非常に高くなる ・水系の消火剤を使用すると，燃焼温度が高いために水分が沸騰蒸発し，消火が困難になる場合がある	・火気を近づけない	・泡 ・二酸化炭素 ・ハロゲン化物 ・粉末消火剤

☞　・潤滑油…引火点が 200〔℃〕未満のものは第3石油類に該当する。

　　・可塑剤…物質に可塑性（固体に外力を加え，弾性限界を超えた変形を与えたとき，外力を取り去ってもひずみが残る現象）を与えるもの。

━━━━━ 練習問題 ━━━━━

【1】 第4石油類の性状として，次のうち誤っているものはどれか。

(1) 水に溶けない。

(2) 常温（20〔℃〕）で引火する。

(3) 常温では蒸発しにくい。

(4) 火災になった場合は液温が高くなり消火が困難となる。

(5) 潤滑油には多くの種類がある。

【2】 次の文の（　）内の A～C に当てはまる語句の組合せはどれか。

「第4石油類に属する物品は，（**A**）が高いので，一般に（**B**）しない限り引火する危険はないが，いったん燃え出したときは（**C**）が非常に高くなっているので，消火が困難な場合がある。」

	A	B	C
(1)	沸　点	蒸　発	気　温
(2)	沸　点	沸　騰	気　温
(3)	引火点	加　熱	液　温
(4)	引火点	加　熱	気　温
(5)	蒸気密度	沸　騰	液　温

7. 動植物油類 (指定数量 10,000〔ℓ〕)

　　動植物油類とは，動物の脂肉等または植物の種子もしくは果肉から抽出したものであって 1 気圧において**引火点が 250〔℃〕未満**のものである。ただし，一定基準のタンク（加圧タンクを除く）または容器に常温で貯蔵，保管されているものは除外されている。

性　状	危険性	火災予防方法	消火方法
・一般に純粋なものは**無色透明** ・水には溶けない ・比重は約 0.9 ・一般に不飽和脂肪酸を含む	・加熱等により液温が引火点以上になると引火する危険性がある ・可燃性で，ぼろ布等に浸みこんだものは自然発火することがある ・蒸発しにくく引火しにくいが，燃焼すると燃焼温度が高いために消火が困難になる	・火気を近づけない	・泡 ・二酸化炭素 ・ハロゲン化物 ・粉末消火剤

ヨウ素価と自然発火

　　ヨウ素価とは，油脂 100〔g〕に吸収するヨウ素をグラム数で表したものである。

小 ⟵　　ヨウ素価　　⟶ 大		
100 以下 **不乾性油**	100~130 **半乾性油**	130 以上 **乾性油**
ヤ　シ　油	ナ　タ　ネ　油	ア　マ　ニ　油
パ ー ム 油	米　ぬ　か　油	ヒマワリ油
ヒ マ シ 油	ゴ　　マ　　油	キ　リ　油
オリーブ油	綿　実　油	イ ワ シ 油
落 花 生 油	トウモロコシ油	エ　ノ　油

① 　動植物油類の自然発火は，油が空気中の酸素と結合し酸化熱が発生する。この熱が蓄積され発火点に達すると自然発火が起こる。

② 　乾性油は酸化されやすく，ヨウ素価が大きいものほど自然発火しやすい。

③ 　不飽和脂肪酸が多いほどヨウ素価が大きい。

④ 　不飽和脂肪酸で空気中で硬化しやすいものほど，自然発火しやすい。

【1】 動植物油類の性状として，正しいものはいくつあるか。

    A ぼろ布に浸みこんだものは自然発火することがある。

    B 空気にさらすと硬化しやすいものほど，自然発火しやすい。

    C 不乾性油は乾性油より自然発火しやすい。

    D 一般に不飽和脂肪酸は含まない。

    E 水によく溶ける。

  (1) 1つ　　　(2) 2つ　　　(3) 3つ　　　(4) 4つ　　　(5) 5つ

【2】 動植物油類の自然発火について，次のうち誤っているものはどれか。

  (1) 乾性油の方が不乾性油より自然発火しやすい。

  (2) ヨウ素価が大きいものほど，自然発火しやすい。

  (3) 引火点が高いものほど，自然発火しやすい。

  (4) 発生する熱が蓄積しやすいほど，自然発火しやすい。

  (5) 貯蔵中は換気をよくするほど，自然発火しにくい。

【3】 動植物油類の中には自然発火するものがある。自然発火を起こす原因は次のうちどれか。

  (1) 容器からこぼれた油が浸みこんだ布や紙などを，長い間風通しの悪い場所に積んでおいたとき。

  (2) 容器に入った油を，湿気の多い場所で貯蔵したとき。

  (3) 容器の油に不乾性油を混合したとき。

  (4) 油の入った容器をふたをせずに置いていたとき。

  (5) 容器に入った油を，長時間直射日光にさらしていたとき。

【4】 容器内で燃焼している動植物油に注水すると危険な理由として，次のうち正しいものはどれか。

  (1) 水が容器の底に沈み，徐々に油面を押し上げるから。

  (2) 高温の油水混合物は，単独の油より燃焼点が低くなるから。

  (3) 注水が空気を巻き込み，火炎及び油面に酸素を供給するから。

  (4) 油面をかき混ぜ，油の蒸発を容易にさせるから。

  (5) 水が激しく沸騰し，燃えている油を飛散させるから。

【1】 引火点の低いものから高いものの順になっているものは次のうちどれか。

(1) 重　　　　油　→　ギ　ヤ　ー　油　→　軽　　　　油

(2) ジエチルエーテル　→　キ　シ　レ　ン　→　重　　　　油

(3) ギ　ヤ　ー　油　→　灯　　　　　　油　→　二硫化炭素

(4) 軽　　　　　　油　→　ガ　ソ　リ　ン　→　ト　ル　エ　ン

(5) 大　　豆　　油　→　エ　タ　ノ　ー　ル　→　灯　　　　油

【2】 危険物の性質として，次のうち正しいものはどれか。

(1) 引火性液体の燃焼形式は蒸発燃焼であるが引火性固体の燃焼形式は主に分解燃焼である。

(2) 液体の危険物の比重は 1 より小さいが，固体の危険物の比重はすべて 1 より大きい。

(3) 保護液として水，二硫化炭素及びメチルアルコール等を使用するものがある。

(4) 多くの酸素を含んでいて他から酸素の供給がなくても燃焼するものがある。

(5) 危険物には常温（20〔℃〕）において気体，液体及び固体のものがある。

【3】 危険物の性状として，次のうち誤っているものはどれか。

(1) 重油は水より軽く，水に溶けない。

(2) 二硫化炭素は，燃焼すると有毒な硫化水素ガスを発生する。

(3) メタノールは引火点 11〔℃〕で毒性があり，水によく溶ける。

(4) 灯油は水に溶けない。また，その蒸気は空気より重い。

(5) ベンゼンは水に溶けない。また，蒸気は毒性がある。

【4】 次の A～E の物質のうち，引火点が 21〔℃〕未満のものはいくつあるか。

　　A　ガソリン

　　B　灯　　油

　　C　軽　　油

　　D　ギヤー油

　　E　ベンゼン

(1)　1つ　　　　(2)　2つ　　　　(3)　3つ　　　　(4)　4つ　　　　(5)　5つ

【5】 ガソリン，灯油，軽油に共通する事項として，正しいものはどれか。

(1) 原油から分留される炭化水素の化合物である。(p.15 参照)

(2) 常温（20〔℃〕）で引火する。

(3) 冷却消火が適している。

(4) 第 2 石油類の非水溶性液体である。

(5) 流動，撹はんにより静電気を発生する。

【6】　次の危険物の中で，水中に水没して保管しなければならないものはどれか。

(1)　酸化プロピレン

(2)　二硫化炭素

(3)　酢酸エチル

(4)　クレオソート油

(5)　アセトアルデヒド

【7】　消火方法として不適当なものは，次のうちどれか。

(1)　ガソリンの火災に泡消火剤を使用する。

(2)　軽油の火災に棒状の水を使用する。

(3)　動植物油の火災に二酸化炭素消火剤を使用する。

(4)　潤滑油の火災にハロゲン化物消火剤を使用する。

(5)　灯油の火災に粉末（リン酸アンモニウム）消火剤を使用する。

【8】　エタノールやアセトンが大量に燃えているときの消火方法として，次のうち最も適切なものはどれか。

(1)　水溶性液体用泡消火剤を放射する。

(2)　膨張ひる石を散布する。

(3)　棒状注水をする。

(4)　一般のたん白泡消火剤を放射する。

(5)　乾燥砂を散布する。

【9】　自動車整備工場において自動車の燃料タンクのドレンから金属じょうごを使用してガソリンをポリエチレン容器に抜き取っていたところ，発生した静電気の火花が，ガソリン蒸気に引火したため火災となり，行為者が火傷を負った。このような事故を防止する方法として，次のうち誤っているものはどれか。

(1)　湿度が低い時期は静電気が発生しやすいので注意する。

(2)　燃料タンクを加圧してガソリンの流速を速め，抜き取りを短時間に終わらせる。

(3)　少量の危険物取扱作業であってもできるだけ危険物取扱者が自ら行う。

(4)　危険物取扱作業は通風または換気のよい場所で行う。

(5)　容器はポリエチレン製ではなく，金属製とし，接地（アース）する。

【10】　石油類の貯蔵タンクを修理または清掃する場合の火災予防上の注意事項として，次のうち誤っているものはどれか。

(1)　タンク内に残っている可燃性蒸気を排出する。

(2)　タンク内に可燃性蒸気が滞留していないことを，測定機器で確認してから修理などを開始する。

(3)　洗浄のため水蒸気をタンク内に噴出させるときは，静電気の発生を防止するため，高圧で短時間に行う。

(4)　残油などをタンクから抜き取るときは，静電気の蓄積を防止するため，容器などを接地（アース）する。

(5)　タンク内の可燃性蒸気を置換する場合には，窒素，二酸化炭素などを使用する。

【11】　ガソリンを貯蔵していたタンクにそのまま灯油を入れると爆発することがあるので，その場合はタンク内のガソリン蒸気を完全に除去してから灯油を入れなければならない。この理由として次のうち妥当なものはどれか。

(1)　ガソリン蒸気が灯油と混合し，灯油の発火点が著しく低くなるから。

(2)　ガソリン蒸気が灯油の流入により断熱圧縮されて発熱し，発火点以上になることがあるから。

(3)　ガソリン蒸気が灯油と混合して熱を発生し，発火することがあるから。

(4)　タンク内に充満していたガソリンの蒸気が灯油に吸収されて燃焼範囲内の濃度になり，灯油の流入により発生する静電気の火花放電で引火することがあるから。

(5)　ガソリン蒸気が灯油の蒸気と化合し，自然発火しやすくなるから。

【12】　ガソリンを他の容器に詰替え中，付近で使用していた石油ストーブにより火災となった。この火災の原因として，次のうち正しいものはどれか。

(1)　石油ストーブによりガソリンが温められ，引火点が下がった。

(2)　石油ストーブによりガソリンが温められ，燃焼範囲が広まった。

(3)　ガソリンの蒸気が空気と混合して燃焼範囲の蒸気となり，床をはって石油ストーブの所へ流れた。

(4)　石油ストーブにより室内の温度が上昇した。

(5)　ガソリンが石油ストーブにより加熱され，発火点以上となった。

第3章

危険物に関する法令

1. 危険物を規制する法令

指定数量とは，危険物についてその危険性を勘案して政令で定められた数量を指し，指定数量の少ないものほど危険性が高く，多くなると危険性が低くなる。

1. 第4類危険物の指定数量

品　名	性　質	指定数量	法別表・備考
特殊引火物		50〔ℓ〕	ジエチルエーテル，二硫化炭素，アセトアルデヒド 酸化プロピレン
第1石油類	非水溶性	**200**〔ℓ〕	**ガソリン**，ベンゼン，トルエン，酢酸エチル
	水溶性	400〔ℓ〕	アセトン，ピリジン
アルコール類	水溶性	**400**〔ℓ〕	メタノール，エタノール，プロピルアルコール
第2石油類	非水溶性	**1,000**〔ℓ〕	**灯油**，軽油，クロロベンゼン，キシレン
	水溶性	2,000〔ℓ〕	酢酸，プロピオン酸，アクリル酸
第3石油類	非水溶性	**2,000**〔ℓ〕	**重油**，クレオソート油，アニリン，ニトロベンゼン
	水溶性	4,000〔ℓ〕	エチレングリコール，グリセリン
第4石油類		**6,000**〔ℓ〕	**ギヤー油**，シリンダー油，タービン油，マシン油
動植物油類		10,000〔ℓ〕	ヤシ油，オリーブ油，ナタネ油，ヒマワリ油， アマニ油

2. 指定数量の倍数計算

① 品名が1種類の危険物

$$\frac{\text{Aの貯蔵量}}{\text{Aの指定数量}}=\text{指定数量の倍数}$$

② 品名が2種類以上の危険物

$$\frac{\text{Aの貯蔵量}}{\text{Aの指定数量}}+\frac{\text{Bの貯蔵量}}{\text{Bの指定数量}}=\text{指定数量の倍数}$$

> *例題*　ガソリン100〔ℓ〕，灯油800〔ℓ〕を貯蔵する場合，その総量は指定数量の何倍になるか。

［解説］　ガソリンは第1石油類に分類されるため，指定数量は200〔ℓ〕

灯油は第2石油類に分類されるため，指定数量は1,000〔ℓ〕

式に当てはめると　$\dfrac{100}{200}+\dfrac{800}{1,000}=0.5+0.8=1.3$

答　1.3〔倍〕

【1】 第4類の危険物の指定数量について，次のうち誤っているものはどれか。

(1) 第1石油類，第2石油類または第3石油類に属する危険物は，品名が同じであっても水溶性と非水溶性液体では，指定数量が異なる。

(2) 水溶性の第1石油類とアルコール類は，指定数量が同一である。

(3) 第2石油類と第3石油類では，指定数量が同一なものがある。

(4) 第4石油類と動植物油類とは，指定数量が同一である。

(5) 特殊引火物と第1石油類では，指定数量が同一なものはない。

【2】 指定数量の異なる危険物 A，B 及び C を同一の貯蔵所で貯蔵する場合の指定数量の倍数として，次のうち正しいものはどれか。

(1) A，B 及び C の貯蔵量の和を，A，B 及び C の指定数量のうち，最も小さい数値で除して得た値

(2) A，B 及び C の貯蔵量の和を，A，B 及び C の指定数量の平均値で除して得た値

(3) A，B 及び C の貯蔵量の和を，A，B 及び C の指定数量の和で除して得た値

(4) A，B 及び C それぞれの貯蔵量を，それぞれの指定数量で除して得た値の和

(5) A，B 及び C それぞれの貯蔵量を，A，B 及び C の指定数量の平均値で除して得た値の和

【3】 指定数量の倍数が最も大きくなる組合せは，次のうちどれか。

(1) ガソリン 200〔ℓ〕 軽油 500〔ℓ〕

(2) 軽 油 1,000〔ℓ〕 重油 1,000〔ℓ〕

(3) 灯 油 500〔ℓ〕 重油 2,000〔ℓ〕

(4) ガソリン 100〔ℓ〕 重油 3,000〔ℓ〕

(5) ガソリン 50〔ℓ〕 灯油 800〔ℓ〕

【4】 現在，灯油を 400〔ℓ〕貯蔵している。これと同一の場所に次の危険物を貯蔵する場合，指定数量の倍数が 1 以上になるものはどれか。

(1) ガソリン 100〔ℓ〕

(2) メタノール 200〔ℓ〕

(3) 軽 油 600〔ℓ〕

(4) 重 油 1,000〔ℓ〕

(5) ギヤー油 3,000〔ℓ〕

【5】 同一の貯蔵所で次の危険物を貯蔵している場合，指定数量の何倍になるか。

ガソリン18〔ℓ〕入りの金属缶 10 缶

軽 油 200〔ℓ〕入りの金属製ドラム 25 本

重 油 200〔ℓ〕入りの金属製ドラム 50 本

(1) 7.0 倍 (2) 8.5 倍 (3) 9.1 倍 (4) 10.9 倍 (5) 12.5 倍

2. 危険物の法規制

危険物は，貯蔵し取り扱う数量の多少により，次のような法規制がある。

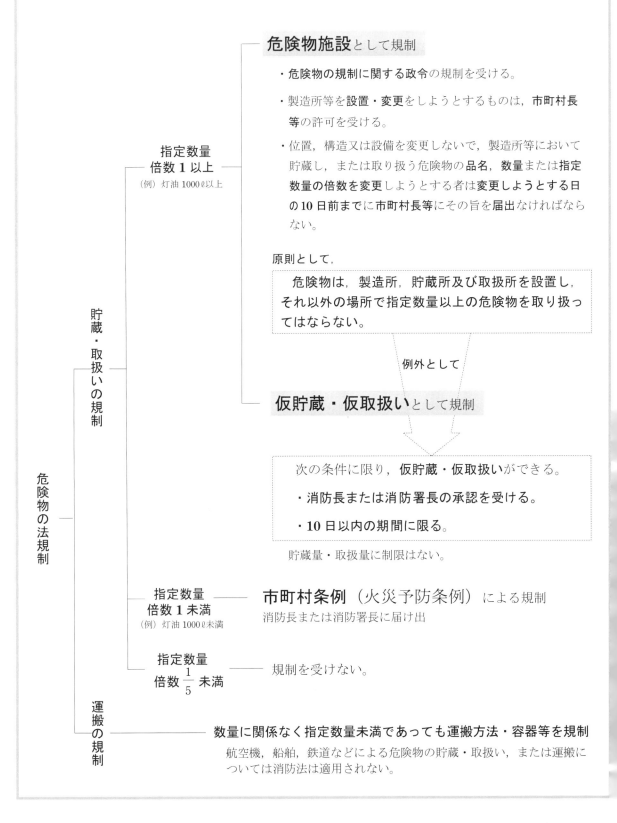

危険物施設として規制

・危険物の規制に関する政令の規制を受ける。

・製造所等を設置・変更をしようとするものは，**市町村長等**の許可を受ける。

・位置，構造又は設備を変更しないで，製造所等において貯蔵し，または取り扱う危険物の**品名**，**数量**または**指定数量の倍数を変更**しようとする者は**変更しようとする日の10日前までに市町村長等にその旨を届出**なければならない。

原則として，

危険物は，製造所，貯蔵所及び取扱所を設置し，それ以外の場所で指定数量以上の危険物を取り扱ってはならない。

例外として

仮貯蔵・仮取扱いとして規制

次の条件に限り，仮貯蔵・仮取扱いができる。

・消防長または消防署長の承認を受ける。

・10日以内の期間に限る。

貯蔵量・取扱量に制限はない。

指定数量
倍数 1 以上
（例）灯油 1000ℓ以上

貯蔵・取扱いの規制

危険物の法規制

指定数量
倍数 1 未満
（例）灯油 1000ℓ未満

市町村条例（火災予防条例）による規制
消防長または消防署長に届け出

指定数量
倍数 $\frac{1}{5}$ 未満

規制を受けない。

運搬の規制

数量に関係なく指定数量未満であっても運搬方法・容器等を規制
航空機，船舶，鉄道などによる危険物の貯蔵・取扱い，または運搬については消防法は適用されない。

【1】 次の文の（　）内の（**A**）～（**C**）に当てはまる語句の組合せのうち，正しいものはどれか。

　「指定数量以上の危険物は，貯蔵所以外の場所でこれを貯蔵し，または製造所，貯蔵所及び取扱所以外の場所でこれを取り扱ってはならない。

　ただし，（**A**）の（**B**）を受けて（**C**）日以内の期間，仮に貯蔵し，または取り扱う場合は，この限りでない。」

	（**A**）	（**B**）	（**C**）
（1）	都道府県知事	許可	10
（2）	市町村長等	許可	5
（3）	市町村長等	承認	10
（4）	所轄消防長または消防署長	承認	10
（5）	所轄消防長または消防署長	許可	5

【2】 指定数量未満の危険物について，次のうち正しいものはどれか。

（1）　指定数量未満の危険物とは，市町村条例で定められた数量未満の危険物をいう。

（2）　指定数量未満の危険物を車両で運搬する場合の技術上の基準は，市町村条例で定められている。

（3）　法別表で定める品名が異なる危険物を同一の場所で貯蔵し，または取り扱う場合，品名ごとの数量が指定数量未満であれば，指定数量以上の危険物を貯蔵し，または取り扱う場所とみなされることはない。

（4）　指定数量未満の危険物を貯蔵し，または取り扱う場合の技術上の基準は，市町村条例で定められている。

（5）　指定数量未満の危険物を貯蔵し，または取り扱う場合は，市町村長等の承認が必要である。

【3】 次の条文の下線部分（**A**）～（**E**）のうち，誤っている箇所はどれか。

　「製造所，貯蔵所または取扱所の (**A**) 位置，構造または設備を変更しないで，当該製造所，貯蔵所または取扱所において貯蔵し，または取り扱う危険物の (**B**) 品名，数量または (**C**) 指定数量の倍数を変更しようとする者は，(**D**) 変更してから 10 日までに，その旨を (**E**) 所轄消防長または消防署長に届出なければならない。」

（1）　A

（2）　C

（3）　B と D

（4）　D と E

（5）　E

2. 製造所等の区分

　指定数量以上の危険物を取り扱う施設は**製造所・貯蔵所・取扱所**の3つに分類され，これらを総称して**製造所等**という。

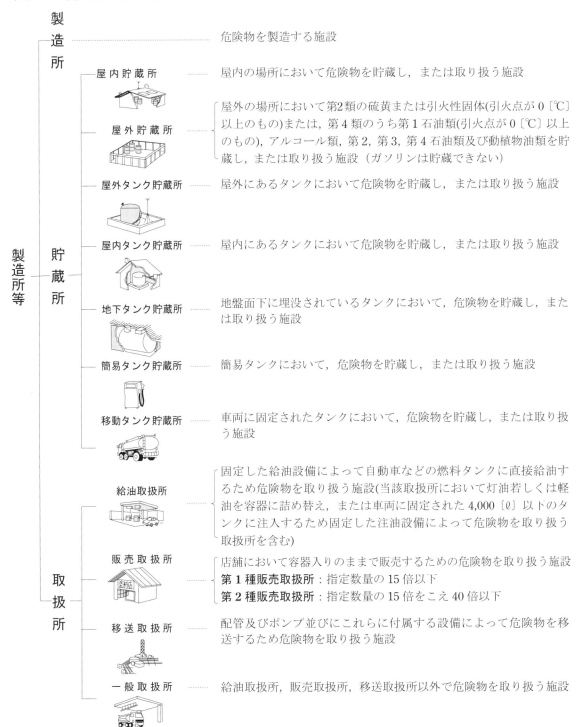

製造所 ……… 危険物を製造する施設

貯蔵所

屋内貯蔵所 ……… 屋内の場所において危険物を貯蔵し，または取り扱う施設

屋外貯蔵所 ……… 屋外の場所において第2類の硫黄または引火性固体(引火点が0〔℃〕以上のもの)または，第4類のうち第1石油類(引火点が0〔℃〕以上のもの)，アルコール類，第2，第3，第4石油類及び動植物油類を貯蔵し，または取り扱う施設（ガソリンは貯蔵できない）

屋外タンク貯蔵所 ……… 屋外にあるタンクにおいて危険物を貯蔵し，または取り扱う施設

屋内タンク貯蔵所 ……… 屋内にあるタンクにおいて危険物を貯蔵し，または取り扱う施設

地下タンク貯蔵所 ……… 地盤面下に埋没されているタンクにおいて，危険物を貯蔵し，または取り扱う施設

簡易タンク貯蔵所 ……… 簡易タンクにおいて，危険物を貯蔵し，または取り扱う施設

移動タンク貯蔵所 ……… 車両に固定されたタンクにおいて，危険物を貯蔵し，または取り扱う施設

取扱所

給油取扱所 ……… 固定した給油設備によって自動車などの燃料タンクに直接給油するため危険物を取り扱う施設(当該取扱所において灯油若しくは軽油を容器に詰め替え，または車両に固定された 4,000〔ℓ〕以下のタンクに注入するため固定した注油設備によって危険物を取り扱う取扱所を含む)

販売取扱所 ……… 店舗において容器入りのままで販売するための危険物を取り扱う施設
第1種販売取扱所：指定数量の 15 倍以下
第2種販売取扱所：指定数量の 15 倍をこえ 40 倍以下

移送取扱所 ……… 配管及びポンプ並びにこれらに付属する設備によって危険物を移送するため危険物を取り扱う施設

一般取扱所 ……… 給油取扱所，販売取扱所，移送取扱所以外で危険物を取り扱う施設

【1】 製造所等に関する記述として，次のうち誤っているものはどれか。

(1)	移動タンク貯蔵所	車両に固定されたタンクにおいて危険物を貯蔵し，または取り扱う貯蔵所。
(2)	簡易タンク貯蔵所	簡易タンクにおいて危険物を貯蔵し，または取り扱う貯蔵所。
(3)	第1種販売取扱所	店舗において容器入りのままで販売するため，指定数量15倍以下の危険物を取り扱う取扱所。
(4)	移 送 取 扱 所	固定した給油設備によって自動車等の燃料タンクに直接給油するための危険物を取り扱う取扱所。
(5)	屋内タンク貯蔵所	屋内にあるタンクにおいて危険物を貯蔵し，または取り扱う貯蔵所。

【2】 製造所等の区分においてガソリンを貯蔵し，または取り扱うことができないものは次のうちどれか。
 (1) 屋外タンク貯蔵所
 (2) 屋外貯蔵所
 (3) 屋内タンク貯蔵所
 (4) 地下タンク貯蔵所
 (5) 屋内貯蔵所

【3】 製造所等の区分に関する一般的説明について，次のうち誤っているものはどれか。
 (1) 屋内貯蔵所とは，屋内の場所において危険物を貯蔵し，または取り扱う貯蔵所をいう。
 (2) 地下タンク貯蔵所とは，地盤面下に埋没されているタンクにおいて危険物を貯蔵し，または取り扱う貯蔵所をいう。
 (3) 移動タンク貯蔵所とは，車両に固定されたタンクにおいて危険物を貯蔵し，または取り扱う貯蔵所をいう。
 (4) 一般取扱所とは，店舗において容器入りのままで販売するための危険物を取り扱う取扱所をいう。
 (5) 簡易タンク貯蔵所とは，簡易タンクにおいて危険物を貯蔵し，または取り扱う貯蔵所をいう。

3. 製造所等の設置から用途廃止までの手続き

1. 設置許可並びに位置，構造または設備の変更許可

　製造所等を設置並びに位置，構造または設備の変更をしようとするときは，市町村長等に申請して許可を受けた後に工事に着手する。

許可申請から使用開始まで

設置（変更）の申請者	市町村長等（許可行政庁）
・製造所等の設置　　　　　　　　　 申　請	
・位置，構造または設備の変更	許可（許可書の交付）
工事着工	
完成検査前検査の申請 工事終了後に検査できないタンク内部などについて検査する。	完成検査前検査の実施・合格 （タンクの水張・水圧検査等）
工事完了	液体の危険物を貯蔵し，または取り扱うタンクを設置または変更する場合は，製造所等(特定の製造所等)は完成検査を受ける前に市町村長等が行う完成検査前検査を受けなければならない。
完成検査の申請	完成検査の実施・合格
技術上の基準に合格しているかを，所有者等は市町村長等に完成検査申請書を提出し，完成検査を受ける。	
交付を受けた日から使用できる	完成検査済証の交付

　注　・移動タンク貯蔵所の常置場の移転の際は，常置場の位置，構造，設置の変更になるので，移転先を管轄する市町村長等の**変更許可**を受けなければならない。

　※　完成検査済証の交付前に製造所等を使用したときは，許可の取消し，または使用停止となる。

危険物施設の設置，変更・譲渡または引渡し・廃止

①　・製造所等の設置　　　　　　　　　　事 前 に
　　・位置・構造または設備の変更　　　　申　請　　→　市町村長等 ⇒ **許可**

　　※　許可を受けないで製造所等の位置，構造，設備を変更したとき，許可の取消し，または使用停止。

②　製造所等の譲渡または引渡しを受けた者　遅滞なく　届　出　→　市町村長等

③　製造所等の用途を廃止したとき製造所　遅滞なく　届　出　→　市町村長等
　　等の所有者

製造所等の設置場所と許可権者

場　　　　所	許 可 権 者
消防本部及び消防署を設置している市町村の区域（移送取扱所を除く）	市 町 村 長
消防本部及び消防署を設置していない市町村の区域（移送取扱所を除く）	都道府県知事

※　市町村長等　市町村長，都道府県知事，総務大臣

====== 練習問題 ======

【1】 次の文の（　　）内の（A）〜（C）に当てはまる語句の組合せのうち，正しいものはどれか。

　「製造所等（移送取扱所を除く）を設置するためには，消防本部及び消防署を置く市町村の区域では当該(A)，その他の区域では当該区域を管轄する(B)の許可を受けなければならない。また，工事完了後には必ず(C)により，許可内容どおり設置されているかどうかの確認を受けなければならない。」

	(A)	(B)	(C)
(1)	消防長または消防署長	市町村長	機能検査
(2)	市町村長	都道府県知事	完成検査
(3)	市町村長	都道府県知事	機能検査
(4)	消 防 長	市町村長	完成検査
(5)	消防署長	都道府県知事	書類審査

【2】 法令上，製造所等の位置，構造又は設備を変更する場合の手続きとして，次のうち正しいものはどれか。

(1) 変更の工事をしようとする日の10日前までに，市町村長等に届け出なければならない。

(2) 変更の工事に係わる部分が完成した後，直ちに市町村長等の許可を受けなければならない。

(3) 変更の工事に着手した後，市町村長等にその旨を届け出なければならない。

(4) 市町村長等の許可を受けた後に，変更の工事に着手しなければならない。

(5) 市町村長等に変更の計画を届け出た後に，変更の工事に着手しなければならない。

【3】　製造所等を設置し，または変更しようとするときの手続きについて誤っているものはどれか。

(1)　製造所等を設置しようとする者は，市町村長等の認可を受けなければならない。

(2)　許可を受けて製造所等を設置したときは，市町村長等の行う完成検査を受けて，基準に適合していると認められた後でなければ，これを使用してはならない。

(3)　製造所等の位置，構造及び設備を変更する場合において，市町村長等の許可を得た後でなければ，工事に着手してはならない。

(4)　製造所等の位置，構造及び設備を変更しようとする場合は，市町村長等に許可申請をしなければならない。

(5)　設置許可申請は，当該製造所等が消防本部及び消防署をおかない市町村の区域にある場合は当該区域を管轄する都道府県知事に提出しなければならない。

【4】　法令上，製造所等の設備又は変更について，次の（　）内に当てはまる文は次のうち，どれか。

「製造所等の設備又は変更の許可を受けている者は，製造所等を設置したとき，又は製造所等の位置，構造若しくは設備を変更し，その工事がすべて完了した時点で，（　　　　），これを使用してはならない。」

(1)　市町村長等の行う完成検査を受け，位置，構造及び設備の技術上の基準に適合していると認められた後でなければ

(2)　所有者等が自主的に検査を行い，安全が認められた後でなければ

(3)　消防署長等の行う完成検査を受け，火災予防上安全であることが認められた後でなければ

(4)　市町村長等に，設置又は変更工事の終了届を提出した後でなければ

(5)　消防署長等の行う保安検査を受け，位置，構造及び設備の技術上の基準に適合していると認められた後でなければ

【5】　製造所等の譲渡または引渡しを受けた場合の手続きとして，次のうち正しいものはどれか。ただし移動タンク貯蔵所は除く。

(1)　所轄消防長または消防署長の承認を受けなければならない。

(2)　市町村長等の承認を受けなければならない。

(3)　改めて当該区域を管轄する都道府県知事の許可を受けなければならない。

(4)　当該区域を管轄する都道府県知事の承認を受けなければならない。

(5)　遅滞なくその旨を市町村長等に届出なければならない。

2. 仮使用

製造所等の施設の**変更工事に関わる部分以外の部分**を**市町村長等の承認**を受ければ，完成検査を受ける前でも承認を受けた部分を**仮に使用できる**。

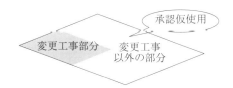

※ 仮使用の承認を受けないで製造所等を使用したときは，許可の取消し，または使用停止となる。

練習問題

【1】 仮使用の説明として，次のうち正しいものはどれか。

(1) 仮使用とは，定期点検中の製造所等を 10 日以内の期間，仮に使用することをいう。

(2) 仮使用とは，製造所等を変更する場合に工事が終了した部分を仮に使用することをいう。

(3) 仮使用とは，製造所等の設置工事において，工事終了部分の機械装置を完成検査前に試運転することをいう。

(4) 仮使用とは，製造所等を変更する場合，変更工事の開始前に仮に使用することをいう。

(5) 仮使用とは，製造所等を変更する場合に，変更工事に関わる部分以外の部分を市町村長等の承認を得て完成検査前に仮に使用することをいう。

【2】 給油取扱所を仮使用しようとする場合，内容，理由等が法令の趣旨に適合する申請は次のうちどれか。

(1) 給油取扱所の設置許可を受けたが，完成検査前に使用したいので，仮使用の申請を行う。

(2) 給油取扱所において専用タンクを含む全面的な変更許可を受けたが，工事中も営業を休むことができないので，変更部分について仮使用の申請を行う。

(3) 給油取扱所の完成検査を受けたが，一部が不合格となったので完成検査に合格した部分のみを使用するために仮使用の申請を行う。

(4) 給油取扱所の専用タンクの取替工事中，鋼板製ドラムから自動車の燃料タンクに直接給油するために仮使用の申請を行う。

(5) 給油取扱所の事務所を改装するため変更許可を受けたが，その工事中に変更部分以外の部分の一部を使用するために仮使用の申請を行う。

4. 危険物取扱者

━━━ 1. 免 状 ━━━

　危険物取扱者とは，危険物取扱者の試験に合格し，都道府県知事から危険物取扱者免状の交付を受けた者を指す。なお，危険物取扱者は，危険物の貯蔵又は取扱いの技術上の基準を遵守し，当該危険物の保全の確保について細心の注意を払わなければならない。

1. 免状の種類

種　類	資　格　内　容
甲種危険物取扱者	・すべての種類の危険物を取り扱うことができる。 ・すべての危険物について危険物取扱者以外の者の取扱いに**立ち会うことができる**。 ・**危険物保安監督者になることができる**。
乙種危険物取扱者	・免状に指定する種類の危険物を取り扱うことができる。 ・免状に指定する種類の危険物について危険物取扱者以外の者の取扱いに**立ち会うことができる**。 ・免状に指定する種類の危険物の**危険物保安監督者になることができる**。
丙種危険物取扱者	・ガソリン，灯油，軽油，第3石油類（重油・潤滑油・引火点130〔℃〕以上のものに限る），第4石油類，動植物油類を**取り扱うことができる**。 ・無資格者に対し，**立ち会うことができない**。 ・**危険物保安監督者になることができない**。

・甲種，乙種危険物取扱者は危険物取扱者以外が作業をする場合，必要に応じて指示を与える。

　※　立ち会い ⟹ 危険物取扱者でない者は，甲種・乙種の危険物取扱者の立会いがなければ，危険物を取り扱うことができない。
　　　　　　　　立ち会う者は，危険物の貯蔵・取扱いの技術上の基準を遵守するように監督する。

2. 免状の交付等

手続き方法	内　容	申　請　先
交　　付	危険物取扱者試験に合格した者	都道府県知事
書　換　え	氏名・本籍が変わったとき 免状の写真が**10年**を経過したとき	免状を交付した都道府県知事，または居住地もしくは勤務地を管轄する都道府県知事
再　交　付	免状の亡失・滅失・汚損・破損したとき	免状の交付または書き換えをした都道府県知事
亡失した免状を発見	発見した免状を**10日以内**に提出	免状の再交付を受けた都道府県知事

3. 免状の返納命令・不交付

免状の返納命令	都道府県知事は，危険物取扱者が消防法または消防法に基づく命令の規定に違反しているときは，免状の返納を命じることができる。
免状の不交付	都道府県知事から免状の返納を命じられ，その日から起算して**1年**を経過しない者。

【1】 免状に関する説明として，次のうち誤っているものはどれか。

(1) 免状の記載事項（氏名・本籍）に変更が生じたときは，居住地または勤務地を管轄する市町村長にその書換えを申請しなければならない。

(2) 免状を亡失した場合は，免状を交付または書換えをした都道府県知事に，その再交付を申請することができる。

(3) 免状の再交付を受けた後，亡失した免状を発見した場合は，これを 10 日以内に免状の再交付を受けた都道府県知事に提出しなければならない。

(4) 免状の種類には，甲種，乙種及び丙種がある。

(5) 乙種危険物取扱者は免状に指定する類の危険物のみを取り扱うことができる。

【2】 次のうち正しいものはどれか。

(1) 乙種危険物取扱者は，第四類すべての危険物を取り扱うことができる。

(2) 丙種危険物取扱者が取り扱うことのできる危険物はガソリン，灯油，軽油，重油及びアルコール類に限られる。

(3) 免状を破損または汚損したときは当該免状を交付した都道府県知事に書換えの申請をしなければならない。

(4) 免状を亡失したときは亡失した区域を管轄する市町村長に再交付を申請しなければならない。

(5) 都道府県知事は危険物取扱者が，法または法に基づく命令の規定に違反したときは，免状の返納を命じることができる。

【3】 次の文章の（　　）内の **A〜C** に当てはまる語句の組合せはどれか。

「免状の再交付は，当該免状の（**A**）をした都道府県知事に申請することができる。免状を亡失し，その再交付を受けたものは，亡失した免状を発見した場合は，これを（**B**）以内に免状の（**C**）を受けた都道府県知事に提出しなければならない。」

	A	**B**	**C**
(1)	交　付	20 日	再交付
(2)	交付または書換え	7 日	交　付
(3)	交　付	14 日	再交付
(4)	交付または書換え	10 日	再交付
(5)	交付または書換え	10 日	交　付

【4】 免状について，次のうち正しいものはどれか。

(1) 所有者等の指示があった場合は，危険物取扱者以外の者でも危険物取扱者の立ち会いなしに危険物を取り扱うことができる。

(2) 危険物取扱者以外の者が危険物を取り扱う場合，指定数量未満であっても甲種危険物取扱者または当該危険物を取り扱うことができる乙種危険物取扱者の立ち会いが必要である。

(3) 丙種危険物取扱者は，危険物保安監督者になることができる。

(4) 乙種危険物取扱者は，丙種危険物取扱者が取り扱える危険物を自ら取り扱うことができる。

(5) 免状の交付を受けている者は，指定数量未満であればすべての危険物を取り扱うことができる。

【5】 免状について，次のうち誤っているものはどれか。

(1) 免状の交付を受けている者が，免状を亡失または破損等した場合は，免状を交付または書換えをした都道府県知事にその再交付を申請することができる。

(2) 免状は，それを取得した都道府県の範囲内だけでなく，全国で有効である。

(3) 免状の返納を命じられた者は，その日から起算して6ヵ月を経過しないと，新たに試験に合格しても免状の交付は受けられない。

(4) 免状は危険物取扱者試験に合格した者に対し，都道府県知事が交付する。

(5) 免状を亡失してその再交付を受けた者が，亡失した免状を発見した場合は，これを10日以内に免状の再交付を受けた都道府県知事に提出しなければならない。

【6】 免状について，次のうち誤っているものはいくつあるか。

A 丙種危険物取扱者が取り扱うことのできる危険物は，灯油，軽油，第3石油類（重油，潤滑油及び引火点130〔℃〕以上のものに限る），第4石油類，動植物油類である。

B 乙種危険物取扱者は免状に指定する危険物について取り扱うことができる。

C 丙種危険物取扱者は免状に指定された危険物を取り扱うことはできるが，危険物取扱者以外の者の取扱いに立ち会うことはできない。

D 免状の交付を受けても，製造所等の所有者から選任されなければ，危険物取扱者ではない。

E 甲種危険物取扱者のみが危険物保安監督者になることができる。

(1) 1つ
(2) 2つ
(3) 3つ
(4) 4つ
(5) 5つ

【7】 免状の交付を受けている者が，その免状の書換えを申請しなければならないものは，次のうちどれか。

(1) 現住所が変わったとき。

(2) 免状の写真が，その撮影した日から10年を経過したとき。

(3) 危険物の取扱作業の保安に関する講習を受講したとき。

(4) 勤務先が変わったとき。

(5) 危険物保安監督者に選任されたとき。

【8】 免状の書換えまたは再交付の手続きの説明として，次のうち正しいものはどれか。

(1) 再交付は交付または書換えをした都道府県知事に申請することができる。

(2) 再交付は居住地または勤務地を管轄する市町村長に申請することができる。

(3) 書換えは居住地または本籍地を管轄する市町村長に申請することができる。

(4) 再交付は居住地を管轄する消防長または消防署長に申請しなければならない。

(5) 書換えは居住地を管轄する消防長または消防署長に申請しなければならない。

2. 保安講習

　危険物の取扱作業に従事している危険物取扱者（受講義務者）は，一定期間ごとに都道府県知事が行う保安に関する講習を受けなければならない。

・受講義務がある者が受講しなかった場合，免状の返納を命じられることがある。
・全国どこの保安講習を受講してもよい。

1. 継続して危険物取扱い作業に従事している者
　　免状の交付日又は受講した日の以後に
　おける最初の4月1日から3年以内に受講

2. 危険物の取扱作業に従事していなかった者が，新たに危険物の取扱作業に従事することとなった場合

① すでに2年を超えている場合
　　従事することとなった日から1年以内に受講

② 2年以内の場合
　　免状交付又は保安講習を受講した日以降
　における最初の4月1日から3年以内に
　受講しなければならない。

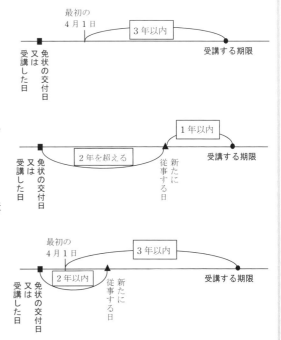

練習問題

【1】　危険物保安講習に関することで誤っているものはどれか。

(1)　危険物保安講習は，危険物の取扱作業に従事している危険物取扱者を対象に市町村長等が行う講習である。

(2)　受講義務のある危険物取扱者が受講しなければならない期間内に受講しなかった場合，免状の返納を命じられることがある。

(3)　製造所等で危険物の取扱作業に従事しているすべての者は，危険物保安講習を受けなければならない。

(4)　免状の交付を受けた都道府県だけでなく，どこの都道府県で行われている講習であっても受講することが可能である。

(5)　製造所等において危険物の取扱作業に従事している危険物取扱者のみ，一定期間内ごとに受講することが義務づけられている。

5. 製造所等の保安体制

1. 保安体制

災害の発生を防止するため，**危険物保安統括管理者**，**危険物保安監督者**，**危険物施設保安員**が制度化され，自立保安体制が確立されている。

製造所等の所有者・管理者・占有者

政令で定める製造所等の所有者等は火災を予防するため**予防規程**を定め，**市町村長等の認可**を受けなければならない。(p.104)

選任・解任
市町村長等に届出
（遅滞なく）

選任・解任
市町村長等に届出
（遅滞なく）

危険物保安統括管理者

事務所長など

大量の第**4**類危険物を取り扱っている事業所で，危険物の保安に関する**業務を統括管理する者**。

・危険物取扱者免状は必要ない。

・危険物保安統括管理者が**法や命令に違反**した場合，製造所等の所有者等は，**解任を命ずる**ことができ，市町村長等に届け出なければならない。

資　格
6か月以上の実務経験を有する

甲種危険物取扱者　乙種危険物取扱者

危険物保安監督者

危険物の取扱作業に関して**保安を監督する者**。（業務は次ページ）

危険物保安監督者が**消防法等の命令に違反**したときは，**市長村長等**から製造所等の所有者等に対して**解任命令**を出すことができる。

立ち会い　立ち会い

指　示

無資格者であっても製造所等の所有者等により選任されると，危険物施設保安員になることができる。

指定数量が100倍以上の製造所・一般取扱所・移送取扱所のみ**選任・解任**

→は仕事の流れを示す

無　資　格　者

立ち会いがなければ無資格者だけで危険物を取り扱うことはできない。

危険物施設保安員

製造所等の所有者等は，保安のための業務責任者として選任し，危険物保安監督者の下で**定期点検**や各種装置の**保守管理等**を行わせる。

・危険物取扱者免状並びに実務経験は必要ない。

1. 危険物保安監督者の業務

① 危険物の貯蔵・取扱の作業，技術上の基準，予防規程に定める保安基準に適合するように**作業者に対して必要な指示を与える。**

② 火災等の災害が発生した場合は，**作業者を指揮して応急の措置を講じ，**直ちに消防機関などに連絡する。

③ **危険物施設保安員に必要な指示を行う。**

④ 危険物取扱い作業の**保安に関し，**必要な**監督業務を行う。**

⑤ 火災等の災害防止のために，隣接製造所等その他関連施設の関係者との連絡を保つ。

2. 危険物施設保安員の業務

・施設維持のための定期点検，臨時点検を行い，点検記録を保存する。

・施設の異常を発見した場合は，危険物保安監督者等への連絡と適当な措置を講じる。

・火災が発生したときや火災発生の危険性が大きいときは，危険物保安監督者と協力して応急措置を講じる

3. 選任が必要な製造所等

危険物保安統括管理者

製造所	移送取扱所	一般取扱所
指定数量の3000倍以上	指定数量以上	指定数量の3000倍以上

危険物保安監督者

製造所	屋外タンク貯蔵所	給油取扱所	移送取扱所	一般取扱所
			指定数量以上	指定数量の3000倍以上

選任を必要としない製造所等 ⟹ 移動タンク貯蔵所

危険物施設保安員

製造所	一般取扱所	移送取扱所
指定数量の100倍以上	指定数量の100倍以上	すべてのもの

【1】　危険物保安監督者に関する説明で，誤っているものはどれか。

(1)　危険物保安監督者は危険物の取扱作業に関して保安の監督をする場合は，誠実にその職務を行わなければならない。

(2)　危険物保安監督者を選任した場合は，遅滞なく市町村長等に届け出なければならない。

(3)　危険物保安監督者は 6 ヶ月以上の実務経験を有する，甲種または乙種（指定された類に限る）危険物取扱者である。

(4)　製造所，屋外タンク貯蔵所，給油取扱所には貯蔵し取り扱う危険物の数量に関係なく危険物保安監督者をおかなければならない。

(5)　危険物保安監督者が立ち会わない限り危険物取扱者以外の者は危険物を取り扱うことはできない。

【2】　危険物保安監督者に関する記述として，A〜E のうち正しいものはいくつあるか。

A　危険物保安監督者は，すべての製造所等において定められていなければいけない。

B　危険物保安監督者は，危険物施設保安員が定められている製造所等にあっては，その指示に従って保安の監督をしなければならない。

C　危険物保安監督者は，火災などの災害が発生した場合は，作業者を指揮して応急の措置を講じると共に，直ちに消防機関などに連絡しなければならない。

D　危険物取扱者であれば，免状の種類に関係なく危険物保安監督者に選任される資格を有している。

E　危険物保安監督者を定めなければならない者は，製造所等の所有者等である。

(1)　1つ　　　　(2)　2つ　　　　(3)　3つ　　　　(4)　4つ　　　　(5)　5つ

【3】　製造所等における危険物保安監督者の業務として定められていないものは，次のうちどれか。

(1)　火災及び危険物の流出などの事故が発生した場合は，作業者を指揮して応急の措置を講じると共に，直ちに消防機関などに連絡すること。

(2)　危険物の取扱作業の実施に際し，当該作業が貯蔵及び取扱いの技術上の基準などに適合するように作業者に対し，必要な指示を与えること。

(3)　危険物施設保安員を置く製造所等にあっては，危険物保安員に必要な指示を与えること。

(4)　製造所等の位置，構造または設備の変更，その他，法に定める諸手続きに関する業務を行うこと。

(5)　火災などの災害の防止に関し，当該製造所等に隣接する製造所等，その他関連する施設の関係者との間に連絡を保つこと。

【4】 危険物保安監督者を選任しなければならないものはいくつあるか。

    A 屋内貯蔵所

    B 製造所

    C 移送取扱所（指定数量以上）

    D 屋外タンク貯蔵所

    E 一般取扱所（指定数量の 3000 倍以上）

  (1)   1 つ

  (2)   2 つ

  (3)   3 つ

  (4)   4 つ

  (5)   5 つ

【5】 危険物施設保安員に関する説明で，正しいものはどれか。

  (1)   危険物取扱者以外の者が危険物を取り扱う場合は，危険物施設保安員が立ち会わなければ，取り扱うことができない。

  (2)   危険物施設保安員を解任した場合は，遅滞なく市町村長等に届け出なければならない。

  (3)   危険物施設保安員は甲種，乙種または丙種危険物取扱者である。

  (4)   危険物施設保安員が選任されている製造所等では，危険物保安監督者を選任する必要はない。

  (5)   指定数量の倍数が 100 以上の製造所では危険物施設保安員を選任しなければならない。

【6】 法令上，危険物施設保安員，危険物保安監督者，危険物保安統括管理者について，次のうち誤っているものはどれか。

  (1)   危険物施設保安員は，危険物取扱者でなくてもよい。

  (2)   危険物保安監督者は，甲種又は乙種危険物取扱者でなければならない。

  (3)   危険物保安統括管理者は，危険物取扱者でなくてもよい。

  (4)   危険物保安監督者は，製造所等において 6 ヶ月以上の危険物取扱いの実務経験を有する者でなければならない。

  (5)   危険物施設保安員は，製造所等において 6 ヶ月以上の危険物取扱いの実務経験を有する者でなければならない。

2．予防規程

　予防規程とは，製造所等の火災を防止するため**危険物の保安に関して必要な事項を定めた規程**である。

- **製造所等の所有者等は**，給油取扱所等の特定の危険物施設について**自主的な保安基準（内部規程）を制定**しなければならない。
- 予防規程を定めたとき，または変更するときは**市町村長等の認可**を受けなければならない。
- 市町村長等は，火災予防のため必要があるときは予防規程の変更を命じることができる。
- 所有者等及び従業者は，予防規程を守らなければならない。
- 予防規程は，危険物の貯蔵及び取扱いの技術上の基準に適合していなければならない。

1．定めるべき主な事項

① 　危険物保安監督者がその職務を行うことができない場合にその職務を代行する者

② 　危険物の保安のための巡視，点検及び検査

③ 　危険物の保安に係る作業に従事する者に対する保安教育

④ 　災害その他の非常の場合に取るべき措置

⑤ 　化学消防自動車の設置その他自衛の消防組織に関すること

2．定めなければならない製造所等

製造所	屋内貯蔵所	屋外タンク貯蔵所

指定数量の10倍以上　　　指定数量の150倍以上　　　指定数量の200倍以上

屋外貯蔵所	一般取扱所

指定数量の100倍以上　　　指定数量の10倍以上

給油取扱所	移送取扱所

すべて定める　　　すべて定める

【1】 予防規程について，次のうち誤っているものはどれか。

(1) 予防規程は，移送取扱所以外のすべての製造所等において定めなければならない。

(2) 予防規程を定めたときは，市町村長等の認可を受けなければならない。

(3) 予防規程は，危険物の貯蔵及び取扱いの技術上の基準に適合していなければならない。

(4) 市町村長等は，火災予防のため必要があるときは予防規程の変更を命じることができる。

(5) 予防規程を変更するときは，市町村長等の認可を受けなければならない。

【2】 予防規程に関する説明で，誤っているものはどれか。

(1) 市町村長等は火災予防のため，必要があるときは予防規程の変更を命ずることができる。

(2) 予防規程の内容に不備がある場合は認可されない。

(3) 予防規程を変更したときは市町村長等の認可を受けなければならない。

(4) 自衛消防組織を設置している事業所は，予防規程を定める必要はない。

(5) 予防規程は製造所等の火災を予防するために，危険物の保安に関して必要な事項を定めた規程である。

【3】 予防規程について，次のうち正しいものはどれか。

(1) 製造所等の火災を予防するため，危険物の保安に関し必要な事項を定めた規程をいう。

(2) 製造所等における危険物保安統括管理者の責務を定めた規程をいう。

(3) 危険物の危険性をまとめた規程をいう。

(4) 製造所等における危険物保安監督者及び危険物取扱者の責務を定めた規程をいう。

(5) 製造所等の点検について定めた規程をいう。

【4】 予防規程について，次のうち正しいものはどれか。

(1) すべての製造所等の所有者等は，予防規程を定めておかなければならない。

(2) 自衛消防組織を置く事業所における予防規程は,当該組織の設置をもってこれに代えることができる。

(3) 予防規程は，危険物取扱者が定めなければならない。

(4) 予防規程を変更するときは，市町村長等に届出なければならない。

(5) 所有者等及び従業者は，予防規程を守らなければならない。

3. 定期点検

　すべての製造所等の所有者等は，製造所等の位置，構造及び設備が技術上の基準に適合しているかどうかについて定期的に点検し，その**点検記録を作成して一定の期間（3年間）保存**することが義務づけられている。

※　点検記録は，保存するが，市町村長等に報告する必要はない。

参　考
　　　一定規模以上の引火性液体の危険物を貯蔵する屋外タンク貯蔵所は，一定期間内ごとにタンクの内部についても点検することが義務づけられている。

① 定 期 点 検 ＝＝＝＝＝＞ **1年に1回以上の実施**，点検記録を作成する

② 点 検 記 録 ＝＝＝＝＝＞ **3年間（一定期間）保存**

③ 点 検 実 施 者 ＝＝＝＝＝＞ ・**危険物取扱者**
　　　　　　　　　　　　　　　　・**危険物施設保安員**
　　　　　　　　　　　　　　　　・危険物取扱者の立ち会いがあれば**無資格者**でも行える。

④ 点 検 記 録 事 項 ＝＝＝＝＝＞ ・点検した製造所等の名称
　　　　　　　　　　　　　　　　・点検年月日
　　　　　　　　　　　　　　　　・点検方法及びその結果
　　　　　　　　　　　　　　　　・点検を行った者または点検に立ち会った危険物取扱者の氏名

※　定期点検の実施，記録の作成，保存がなされない場合は，**許可の取り消しまたは使用停止**となる。

点検実施対象施設

地下タンク貯蔵所	移動タンク貯蔵所	移送取扱所	製造所	一般取扱所

すべて必要　　　　すべて必要　　　　すべて必要　　　指定数量の10倍以上及び　指定数量の10倍以上及び
　　　　　　　　　　　　　　　　　　　　　　　　　　地下タンクを有するもの　地下タンクを有するもの

給油取扱所	屋外貯蔵所	屋内貯蔵所	屋外タンク貯蔵所

地下タンクを有するもの　　指定数量の100倍以上　　指定数量の150倍以上　　指定数量の200倍以上

　点検を必要としない製造所等 **屋内タンク貯蔵所　簡易タンク貯蔵所　販売取扱所**

【1】 製造所等の定期点検について，次のうち誤っているものはどれか。

(1) 定期点検は，製造所等の位置，構造及び設備が技術上の基準に適合しているかどうかについて行う。

(2) 危険物取扱者または危険物施設保安員以外の者が定期点検を行う場合は，危険物取扱者の立ち会いを受けなければならない。

(3) 危険物施設保安員は，定期点検を行うことができない。

(4) 定期点検の記録は，一定期間保存しなければならない。

(5) 定期点検は原則として，1年に1回以上行わなければならない。

【2】 特定の製造所等に義務づけられている定期点検について，次のうち誤っているものはどれか。

(1) 一定期間ごとに，製造所等が法令に定める技術上の基準に適合しているか否かについて行う点検である。

(2) 定期点検は，製造所等の所有者等が指定した者なら誰でも行うことができる。

(3) 移動タンク貯蔵所及び地下タンクを有する給油取扱所は，定期点検の実施対象である。

(4) 定期点検の記録は原則として3年間保存しなければならない。

(5) 定期点検の記録の作成がないときは，罰則の適用対象となる。

【3】 定期点検を実施し，その記録を保存しなければならない製造所等はいくつあるか。

    A すべての製造所

    B すべての屋外貯蔵所

    C すべての一般取扱所

    D すべての地下タンク貯蔵所

    E すべての移動タンク貯蔵所

(1) 1つ   (2) 2つ   (3) 3つ   (4) 4つ   (5) 5つ

【4】 法令に定める定期点検の点検記録に記載しなければならない事項として，規則に定められていないものは次のうちどれか。

(1) 点検をした製造所等の名称

(2) 点検の方法，及び結果

(3) 点検年月日

(4) 点検を行った危険物取扱者，若しくは危険物施設保安員，又は点検に立ち会った危険物取扱者の氏名

(5) 点検を実施した日を市町村長等へ報告した年月日

6. 製造所等の位置，構造，設備の基準

1. 保安距離・保有空地

1. 保安距離

保安距離とは製造所等の火災・爆発等の災害より住宅，学校，病院等の保安対象物の延焼を防ぎ，避難の目的から一定の距離を定めたものである。

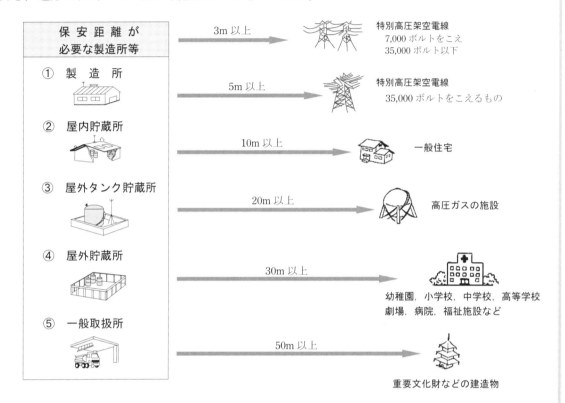

保安距離が必要な製造所等		
① 製 造 所	3m 以上 →	特別高圧架空電線 7,000 ボルトをこえ 35,000 ボルト以下
② 屋内貯蔵所	5m 以上 →	特別高圧架空電線 35,000 ボルトをこえるもの
③ 屋外タンク貯蔵所	10m 以上 →	一般住宅
④ 屋外貯蔵所	20m 以上 →	高圧ガスの施設
⑤ 一般取扱所	30m 以上 →	幼稚園，小学校，中学校，高等学校 劇場，病院，福祉施設など
	50m 以上 →	重要文化財などの建造物

2. 保有空地

保有空地とは消火活動及び延焼防止のために製造所等の周囲に確保しなければならない空地である。

また，保有空地は指定数量の倍数が 10 以下は 3m 以上，10 を超える製造所は 5m 以上。

原則としていかなる物品も置くことはできない。

保有空地を設けなければならない製造所等

① 製 造 所

② 屋内貯蔵所

③ 屋外タンク貯蔵所

④ 一般取扱所

⑤ 屋外貯蔵所

⑥ 簡易タンク貯蔵所（屋外）

⑦ 移送取扱所（地上設置）

【1】 製造所等には特定の建築物等との間に原則として一定の距離を保たなければならないものがあるが，その建築物等と保たなければならない距離との組合せとして，次のうち正しいものはどれか。

(1) 病院······················ 50〔m〕以上
(2) 高等学校············· 30〔m〕以上
(3) 小学校·················· 20〔m〕以上
(4) 劇場······················ 15〔m〕以上
(5) 使用電圧が 7,000〔V〕を超え 35,000〔V〕以下の特別高圧架空電線······10〔m〕以上

【2】 製造所等の中には特定の建築物等から一定の距離（保安距離）を保たなければならないものがあるが，次の組合せのうち誤っているものはどれか。

(1) 幼稚園······························30〔m〕以上
(2) 敷地外の一般住宅············20〔m〕以上
(3) 高圧ガス施設····················20〔m〕以上
(4) 重要文化財························50〔m〕以上
(5) 病院································30〔m〕以上

【3】 学校，病院等の建築物等から，一定の距離を保たなければならない製造所等のみを掲げているものは，次のうちどれか。

(1) 一般取扱所　　　製造所　　　第1種販売取扱所
(2) 製造所　　　　　屋外貯蔵所　　　屋外タンク貯蔵所
(3) 一般取扱所　　　移送取扱所　　　地下タンク貯蔵所
(4) 給油取扱所　　　屋外貯蔵所　　　屋内タンク貯蔵所
(5) 製造所　　　　　一般取扱所　　　第2種販売取扱所

【4】 危険物を貯蔵し，または取り扱う建築物，その他の工作物の周囲に，一定の空地を保有しなければならない製造所等のみを掲げているものは，次のうちどれか。ただし，特例基準を適用するものを除く。

(1) 第1種販売取扱所　　　一般取扱所
(2) 屋外タンク貯蔵所　　　地下タンク貯蔵所
(3) 製造所　　　　　　　　屋外貯蔵所
(4) 屋内貯蔵所　　　　　　移動タンク貯蔵所
(5) 地下タンク貯蔵所　　　移送取扱所

2. 製造所等の建築物の構造・設備の基準

1. 構造の基準

① 地階を有しないものであること。

② 壁，柱，床，梁などは耐火構造とし，不燃材料で造る。

③ 屋根は軽量な不燃材料でふく。

④ 窓，出入口のガラスは網入りガラスとし，防火戸とする。

⑤ 床は危険物が浸透しない構造とし，適当な傾斜をつけ，貯留設備を設ける。

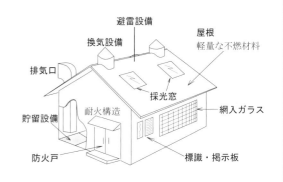

2. 設備の基準

① 建築物には採光，照明，換気設備を設ける。

② 危険物を取扱う建築物の窓および出入口には防火設備を設ける。

③ 可燃性蒸気・微粉が滞留する場合は屋外の高所に排出する設備を設ける。

④ 指定数量の倍数が10以上の施設には避雷設備を設ける。
    （製造所，屋内貯蔵所，屋外タンク貯蔵所，一般取扱所など）

⑤ 危険物が漏れ，あふれ，飛散しない構造とする。

⑥ 静電気が発生する恐れのある設備には，接地等で静電気を除去する装置を設ける。

⑦ 電気設備は防爆構造とすること。

⑧ 製造所等には製造所等である旨の標識，防火に関して必要な事項を掲示した掲示板を設けなければならない。

====== 練習問題 ======

【1】 製造所等の設備の基準について，次のうち誤っているものはどれか。

(1) 危険物を取り扱う建築物には，危険物を取り扱うために必要な採光，照明及び換気の設備を設けること。

(2) 危険物を取り扱うにあたって，静電気が発生するおそれのある設備には，蓄積される静電気を有効に除去する装置を設けること。

(3) 可燃性の蒸気が滞留するおそれのある建築物には，その蒸気を屋外の低所に排出する設備を設けること。

(4) 危険物の漏れ，あふれ，飛散を防止する構造にする。

(5) 指定数量の倍数が10以上の場合は避雷設備を設ける。

3. 貯蔵所・取扱所の構造・設備の基準

1. 屋内貯蔵所

1. 構造の基準

- 独立した専用の建築物とする。
- 地盤面から軒までの高さが **6〔m〕未満**の平屋建とし，床は地盤面以上とする。
- 床面積は **1,000〔m²〕以下**とする。
- 屋根は金属板等の軽量な不燃材料でつくり，天井は設けない。

2. 設備の基準

- **引火点が 70〔℃〕** 未満の貯蔵倉庫には，滞留した可燃性蒸気を屋根上に排出する設備を設ける。
- 架台を設けるときは不燃材料で造り，容器が落下しないように基礎を固定する。

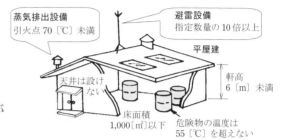

3. 貯蔵所に共通する貯蔵の基準

- ☆ 貯蔵所において，危険物以外の物品は原則として貯蔵しない。
- ☆ 類が異なる危険物は原則として同一貯蔵所に貯蔵しない。
- ☆ 自然発火や災害が著しく増大するおそれのある危険物を多量貯蔵するときは，指定数量の **10 倍以下**ごとに区分し，かつ **0.3〔m〕以上**の間隔をおくこと。
- ☆ 危険物は容器に収納して貯蔵する。また，容器に危険物の品名，数量等を表示する。
- ☆ 容器の積み重ねる高さは 3〔m〕以下，第 3 石油類，第 4 石油類，動植物油類は 4〔m〕以下，機械により積み重ねる場合は 6〔m〕以下。
- ☆ 貯蔵する**危険物の温度が 55〔℃〕**を超えない。

===== 練習問題 =====

【1】 灯油を貯蔵する屋内貯蔵所の位置，構造及び設備の技術上の基準で次のうち誤っているものはどれか。

(1) 貯蔵倉庫の床面積は 2,000 m² 以下とすること。

(2) 独立した専用の建築物とすること。

(3) 貯蔵倉庫には危険物を貯蔵し，取扱うため必要な採光，照明及び換気の設備を設けること。

(4) 屋根は金属板等の軽量な不燃材料でつくり，天井は設けないこと。

(5) 貯蔵倉庫には内部に滞留した可燃性蒸気を屋外の高所に排出するための装置を設けること。

2. 屋外貯蔵所

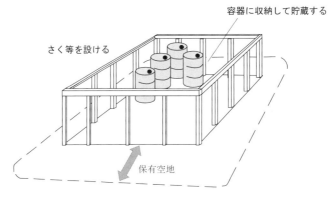

さく等を設ける

容器に収納して貯蔵する

保有空地

1. 構造・設備の基準

・貯蔵場所は湿潤ではなく，排水の良い場所に設置する。

・周囲には，**さく等を設けて敷地との境界を**明確に区画する。

・容器を架台で貯蔵する場合は，架台を不燃材料で造る
　とともに高さは **6〔m〕以下**とし，地盤面に固定する。

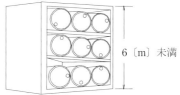

6〔m〕未満

・容器が容易に落下しないようにする。

☆　容器の積重ね高さは 3〔m〕以下，第 3 石油類，第 4 石油類，動植物油類は 4〔m〕以下，機
　　械による積重ね高さは 6〔m〕以下。

☆　危険物は容器に収納し，容器には品名，数量等を表示すること。

2. 貯蔵・取扱いできる危険物

第 2 類危険物	硫黄・引火性固体（引火点が 0〔℃〕以上）
第 4 類危険物	・第 1 石油類（引火点が 0〔℃〕以上のものに限る。ガソリン，ベンゼンなどはできない。） ・アルコール類 ・第 2 石油類（灯油，軽油，氷酢酸，テレビン油など） ・第 3 石油類（重油，クレオソート油など） ・第 4 石油類（ギヤー油，シリンダー油など） ・動植物油類（ナタネ油，アマニ油，大豆油など）

■ ■ ■ ■ ■ ■ 練習問題 ■ ■ ■ ■ ■

【1】　屋外貯蔵所において貯蔵できない危険物はいくつあるか。

　　　A　硫黄　　　　　B　灯油　　　　　C　ベンゼン

　　　D　ガソリン　　　E　重油

　　(1) 1つ　　　　(2) 2つ　　　　(3) 3つ　　　　(4) 4つ　　　　(5) 5つ

3. 屋外タンク貯蔵所

・**敷地内距離**：延焼防止のためにタンクの側板から敷地境界線まで，一定の距離をとらなければならない。

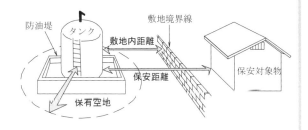

1. 構造の基準

・タンクは厚さ 3.2〔mm〕以上の鋼板で造る。
・タンクの外側は錆止め塗装，底板の外側は腐食防止の措置をする。

2. 設備の基準

・容量制限はない。
・圧力タンクには**安全装置**，非圧力タンクには**通気管**を設ける。
・液体危険物の貯蔵タンクには危険物の量を自動的に表示する設備を設ける。
・液体危険物の貯蔵タンクの周囲には**防油堤**を設ける。
・電気設備は防爆構造とする。
・指定数量の 10 倍以上の場合は**避雷設備**を設ける。

3. 防油堤の基準

・**防油堤**は鉄筋コンクリートまたは土で造り，その中に収納された危険物が防油堤の外に流出しない構造であること。
・**防油堤の容量はタンク容量の 110〔%〕以上とし，2 つ以上のタンクがある場合は最大タンク容量の 110〔%〕以上とする。**
・防油堤の高さは 0.5〔m〕以上とする。
・防油堤の面積は 80,000〔m²〕以下にする。
・防油堤内のタンク数は 10 基以下にする。

☆ 防油堤には**水抜口**を設ける（弁は防油堤の外側に設け，**常時閉鎖**）。堤内に滞油または滞水した場合はすみやかに排出すること。

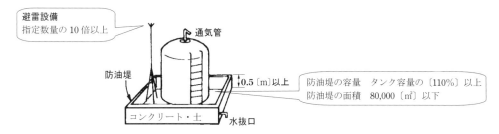

☆ 計量口は，計量するとき以外は閉鎖しておくこと。
☆ 元弁及び注入口の弁又はふたは，危険物を入れ，又は出すとき以外は，閉鎖しておくこと。

【1】 屋外タンク貯蔵所の位置，構造及び設備の技術上の基準について，正しいものはどれか。

(1) 防油堤の高さは 1m 以上であること。

(2) 防油堤は鋼板で作ること。

(3) 2以上のタンクの周囲に設ける防油堤の容量は，当該タンクのうちその容量が最大であるタンクの容量 110 〔%〕以上とすること。

(4) 圧力タンクには通気管，圧力タンク以外のタンクには安全装置を設ける。

(5) タンクの容量は 20,000 〔ℓ〕以下である。

【2】 4基の屋外タンク貯蔵所を同一の防油堤内に設置する場合，この防油堤の必要最小限の容量として，正しいものはどれか。

1 号タンク	軽油	400 〔kℓ〕
2 号タンク	重油	600 〔kℓ〕
3 号タンク	ガソリン	200 〔kℓ〕
4 号タンク	灯油	300 〔kℓ〕

(1) 200 〔kℓ〕

(2) 220 〔kℓ〕

(3) 600 〔kℓ〕

(4) 660 〔kℓ〕

(5) 1,500 〔kℓ〕

【3】 屋外タンク貯蔵所（岩盤タンク及び特殊液体危険物タンクを除く）は当該タンクの周囲に防油堤を設けなければならないが，防油堤について誤っているものは次のうちどれか。

(1) 防油堤の面積は 80,000 m² 以下にする。

(2) 屋外貯蔵タンクの防油堤は滞水しやすいから，水抜口は通常開放しておくこと。

(3) 防油堤の高さは 0.5 m 以上であること。

(4) 防油堤内のタンク数は 10 基以下にする。

(5) 防油堤は鉄筋コンクリートまたは土で作ること。

4. 屋内タンク貯蔵所

1. 構造の基準

- 屋内タンクは平屋建てのタンク専用室に設置する。
- タンク専用室の窓又は出入口にガラスを用いる場合は，網入ガラスとする。
- 同一タンク専用室に **2つ以上**のタンクを設ける場合は **0.5〔m〕以上**の**間隔**を設け，**タンクの外面にはさびどめの塗装**をする。
- タンクはタンク専用室の壁から **0.5〔m〕以上**の間隔を設ける。
- タンクの容量は**指定数量の 40 倍以下**としなければならない。
- **壁，柱，床及びはり**を**耐火構造**とし，**屋根**は**不燃材料**で造り，天井は設けない。
- 床は危険物が浸透しない構造とし，適当な傾斜をつけ，貯留設備を設ける。

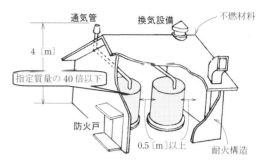

2. 設備の基準

- タンク専用室の換気，排気にはダンパー等を設ける。
- 圧力タンクには安全装置，非圧力タンクには**通気管**を設ける。
- 液体危険物の貯蔵タンクには危険物の量を自動的に表示する設備を設ける。
- 電気設備は防爆構造とする。

☆ 計量口は，計量するとき以外は閉鎖しておくこと。

☆ 元弁及び注入口の弁又はふたは，危険物を入れ，又は出すとき以外は，閉鎖しておくこと。

====== 練習問題 ======

【1】 屋内タンク貯蔵所の位置，構造及び設備の技術上の基準として，誤っているものはどれか。

(1) 液体の危険物の屋内貯蔵タンクには，危険物の量を自動的に感知できる装置を設けなければならない。

(2) タンクの容量は，指定数量の 50 倍以下とする。

(3) 屋内貯蔵タンクはタンク専用室に設置しなければならない。

(4) 液状の危険物のタンク専用室の床は，危険物が浸透しない構造とするとともに適当な傾斜をつけ，かつ，貯留設備を設けなければならない。

(5) 同一のタンク専用室に屋内貯蔵タンクを 2 以上設置する場合には，それらのタンク相互間に 0.5〔m〕以上の間隔を保たなければならない。

5. 地下タンク貯蔵所

1. 構造の基準

- 容量制限はない。
- タンクは地盤面下（タンクの頂部は **0.6〔m〕以上**地盤面下）のタンク室に設置する。
- タンク室の壁，底の厚さは 0.3〔m〕以上のコンクリート造りとし，ふたは 0.3〔m〕以上の防水の鉄筋コンクリート造りとする。
- タンクとタンク室の内側とは 0.1〔m〕以上の間隔をあけ，周囲には**乾燥砂**をつめる。
- タンクとタンクとは 1〔m〕以上の間隔をあける（タンク容量の総和が指定数量の 100 倍以下の場合は，間隔は 0.5〔m〕以上）。
- 通気管の先端は地上 4〔m〕以上の高さとする。

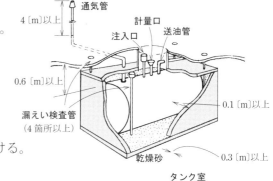

2. 設備の基準

- タンクの**注入口**は**屋外**に設ける。
- タンクの周囲には**漏えい検査管 4 カ所以上**設ける。
- **第 5 種消火設備を 2 個以上**設ける。
- 圧力タンクには**安全装置**，非圧力タンクには**通気管**を設ける。
- 貯蔵タンクには危険物の量を自動的に表示する設備を設ける。
- 貯蔵タンクの容量は定められていない。
- 電気設備は防爆構造とする。

☆ 計量口は，計量するとき以外は閉鎖しておくこと。

☆ 元弁及び注入口の弁又はふたは，危険物を入れ，又は出すとき以外は，閉鎖しておくこと。

===== 練習問題 =====

【1】 液体の危険物を貯蔵する地下タンク貯蔵所について，次のうち誤っているものはどれか。

(1) 危険物の量を自動的に表示する装置を設けること。

(2) 貯蔵最大数量により第 4 種又は第 5 種の消火設備を設置すること。

(3) 危険物の注入口は，屋外に設けること。

(4) 貯蔵タンクの周囲には，液体の危険物の漏れを検査するための管を 4 箇所以上適切な位置に設けること。

(5) タンクの容量には制限がない。

6. 簡易タンク貯蔵所

・保有空地

	保有空地
屋　　外	1〔m〕以上
タンク専用室	壁から 0.5〔m〕以上

1. 構造の基準

・タンクの容量は 600〔ℓ〕以下にする。

・1つの簡易タンク貯蔵所にはタンクは
3基まで設置できる（同一品質の危険
物は2基以上設置できない）。

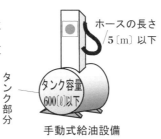

手動式給油設備

電動式給油設備

2. 設備の基準

・タンクには**通気管**を設ける（先端は屋外にあって，地上 **1.5**〔m〕**以上**とし，常時開放）。

・タンクに給油または注油のための設備を設ける場合は，給油取扱所の固定給油設備または固
定注油設備の基準に準ずる。

・給油管は 5〔m〕以下とする。

・第5種消火設備を2個以上設ける。

☆ 計量口は，計量するとき以外は閉鎖しておくこと。

===== 練習問題 =====

【1】　法令上，簡易タンク貯蔵所の位置，構造及び設備の技術上の基準について，次のうち誤
っているものはどれか。

(1)　簡易貯蔵タンクは，容易な移動を防ぐため，地盤面，架台等に固定するとともに，タン
ク専用室の壁との間に 1m 以上の間隔を保たなければならない。

(2)　ひとつの簡易タンク貯蔵所に設置する簡易貯蔵タンクは，3基までとし，同一品質の危
険物は2基以上設置してはならない。

(3)　タンクの容量は 600〔ℓ〕以下にする。

(4)　屋外の場合，保有空地は 1m 以上必要である。

(5)　第5種消火設備を2個以上設置する。

7. 販売取扱所

店舗で危険物を容器入りのまま販売するための施設であり，取り扱う危険物の量により 2 つに区分される。

第 1 種販売取扱所	指定数量の 15 倍以下
第 2 種販売取扱所	指定数量の 15 倍を超えて 40 倍以下

1. 第 1 種販売取扱所の構造・設備の基準

・店舗は建築物の **1 階**に設置する。

・店舗部分の梁は不燃材料で造り，天井を設ける場合は天井も不燃材料で造る。

・危険物を配合する部屋の床は危険物が浸透しない構造とし，適当な傾斜をつけ，貯留設備を設ける。

・危険物を配合する部屋の床面積は **6〔m²〕以上 10〔m²〕以下**で，出入口は特定防火設備を設ける。

・危険物を配合する部屋の内部に滞留した可燃性の蒸気又は可燃性の微粉を屋根上に排出する設備を設ける。

・店舗の窓及び出入り口には，防火設備を設ける。

☆ 危険物は容器に収納し，容器入りのままで販売する。

☆ 危険物の配合は配合室以外では行わないこと。

----- 練 習 問 題 -----

【1】 第 1 種販売取扱所の位置，構造及び設備の技術上基準において誤っているものはどれか。

(1) 第 1 種販売取扱所は建築物の 1 階に設置する。

(2) 危険物を配合する部屋の床面積は 6〔m²〕以上 10〔m²〕以下とする。

(3) 部屋の内部に滞留した可燃性の蒸気または可燃性の微粉を屋根上に排出する設備を設ける。

(4) 第 1 種販売取扱所には窓を設けることができない。

(5) 危険物は容器に収納し，容器入りのままで販売する。

8. 一般取扱所

給油取扱所，販売取扱所，移送取扱所以外で危険物を取り扱う施設であり，位置・構造・設備の基準は製造所と同じである。また，取扱形態，数量等により一般取扱所については基準の特例が設けられている。

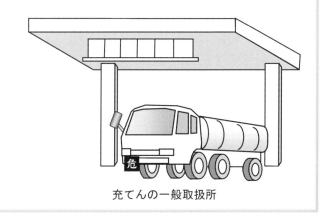

充てんの一般取扱所

9. 給油取扱所

保安距離，保有空地の規制はない。

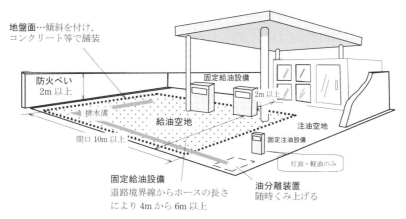

地盤面…傾斜を付け，コンクリート等で舗装

防火べい 2m 以上

排水溝

給油空地

間口 10m 以上

固定給油設備

2m 以上

注油空地

固定注油設備

灯油・軽油のみ

固定給油設備
道路境界線からホースの長さにより 4m から 6m 以上

油分離装置
随時くみ上げる

1. 構造・設備の基準

① 自動車が出入りするため，**間口 10〔m〕以上，奥行 6〔m〕以上**の給油空地を設ける。

② 灯油，軽油を容器に詰め替え，または車両に固定された 4,000〔ℓ〕以下のタンクに注入するための**固定注油設備**を設ける場合は，ホース機器の周囲に詰め替え等のために必要な**注油空地**を給油空地以外の場所に設置する。

③ 給油空地，注油空地は周囲の地盤面より高くし，適当な傾斜をつけ，コンクリート等で舗装する。

④ 地盤面下に埋設するタンクは**専用タンクの容量に制限はない**が，廃油タンクは **10,000〔ℓ〕以下**とする。

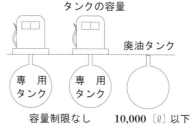

タンクの容量

廃油タンク

専用タンク　　専用タンク

容量制限なし　　10,000〔ℓ〕以下

⑤ 自動車の出入りする側を除き，高さ **2〔m〕以上**の耐火構造または不燃材料で造った**壁や**へいを設ける。

⑥ 危険物などが空地以外に流出しないように排水溝及び**油分離装置**を設ける。

⑦ **固定給油設備の位置（地上式）**…・敷地境界線から又は建物の壁から 2〔m〕以上
　　　　　　　　　　　　　　　　　　・道路境界線からホースの長さにより 4〔m〕〜6〔m〕以上

⑧ 給油ホースは **5〔m〕以下**で先端に弁を設け，静電気を除く装置を設ける。

⑨ **設けられる建築物**は給油・注油の作業場，事務所，給油などのために出入りする者を対象とした**店舗・飲食店・展示場**，点検・整備の作業場，洗車場，所有者等の住居・事務所。

2. 取扱いの基準

① 固定給油設備を使用して**直接**自動車の燃料タンクに**給油する**こと。

直接給油

② 固定給油設備（懸垂式）より４メートル以内の部分に他の自動車等を駐車させてはならない。

③ **給油するときは自動車の原動機を停止**し、また自動車等を給油空地**からはみださない**ようにすること。

エンジン停止

はみ出し禁止

④ 自動車の**洗浄は**、**引火点を有する液体の洗剤を使用しない。**

⑤ 給油の業務が行われていないときは、係員以外の者を出入りさせない必要な措置をすること。

⑥ 移動タンク貯蔵所から専用タンクへ注入するときは、移動タンク貯蔵所を注入口の付近に停車させること。

⑦ 給油取扱所の専用タンク又は簡易タンクに危険物を注入するときは、タンクに接続する固定給油設備又は固定注油設備の使用を中止する。

セルフ型スタンドの基準

基本的には、屋外、屋内給油取扱所と同じ基準が適用されるが、これに特例基準が付加される。

1. 構造・設備の付加される特例基準

① 顧客に自ら給油等をさせる給油取扱所である旨を表示する。（**例**：セルフスタンド）

② 燃料が満量になった場合に、危険物の供給を停止する構造の注油ノズルを備える。

③ 著しい引張力が加わった場合に安全に分離する構造の注油ホースを備える。

④ ガソリン及び軽油相互の誤給油を防止できる構造にする。

⑤ 顧客用の固定給油設備である旨、使用方法、危険物の品目等の表示をする。

⑥ 顧客自ら行う給油作業等の監視、制御等を行うコントロールブースを設ける。

⑦ **第３種の固定式泡消火設備を設置する。**

2. 取扱い基準に付加される特例基準

① 顧客は顧客用固定給油設備以外の固定給油設備では給油等はできない。

② 顧客の給油作業等を直視等で監視する。

③ 顧客が給油作業等を行う場合は、安全確認をしてから実施させる。

④ 放送機器等を用いて顧客に指示等をする。

【1】 給油取扱所の位置，構造及び設備の技術上の基準について正しいものはどれか。

(1) 地盤面下に埋設する専用タンクの容量は 30,000 〔ℓ〕以下である。

(2) 給油取扱所を設置する場合は病院や小学校から 30 〔m〕以上離れていなければならない。

(3) 自動車が出入りするため，間口 10 〔m〕以上，奥行 6 〔m〕以上の保有空地を設ける。

(4) 灯油，軽油を容器に詰め替える場合は，ホース機器の周囲に詰め替え等のために必要な注油空地を給油空地以外の場所に保有する。

(5) 自動車の出入りする側を除き，高さ 3 〔m〕以上の壁やへいを設ける。

【2】 給油取扱所の位置，構造及び設備の技術上の基準で給油取扱所に設けることができない建築物等の用途は，次のうちどれか。

(1) 給油または灯油の詰め替えのために給油取扱所に出入りする者を対象とした飲食店。

(2) 給油または灯油の詰め替えのために給油取扱所に出入りする者を対象とした遊技場。

(3) 自動車等の点検・整備を行う作業場。

(4) 給油または灯油の詰め替えのために給油取扱所に出入りする者を対象とした展示場。

(5) 給油取扱所の業務を行うための事務所。

【3】 セルフ型スタンドの給油取扱所の位置，構造，設備及び取扱いの技術上基準において誤っているものはどれか。

(1) 保安距離，保有空地は必要ない。

(2) ガソリン及び軽油相互の誤給油を防止できる構造にする。

(3) 第 5 種消火設備を 2 個以上設置する。

(4) 顧客は顧客用固定給油設備以外の固定給油設備では給油等はできない。

(5) 顧客に自ら給油等をさせる給油取扱所である旨を表示する。

【4】 給油取扱所における危険物の取扱いの技術上の基準に適合しているものはどれか。

A 給油のとき，自動車等のエンジンはかけたままとし，非常時に直ちに発進できるようにしておく。

B 車の洗浄に不燃性液体の洗剤を使用した。

C 油分離装置に廃油がたまったので下水に洗い流した。

D 移動タンク貯蔵所から地下専用タンクに注油中，当該タンクに接続している固定給油設備を使用して自動車に給油するとき，給油ノズルの吐出量をおさえて給油した。

E 給油に来た自動車がエンジンをかけたまま，スペアキーでの給油を求めたが，エンジンを停止させてから給油を行った。

(1) A・C・D　　　(2) B・E　　　(3) B・D・E　　　(4) A・B・C　　　(5) D・E

10. 移動タンク貯蔵所

保安距離，保有空地は必要ない。

車両を常置する場所

屋 外	防火上安全な場所
屋 内	耐火構造または不燃材料で造った建築物の1階

1. 構造の基準

・タンクの容量は **30,000〔ℓ〕以下**とし，**4,000〔ℓ〕**
以下ごとに間仕切り板を設ける。

・タンク室の容量が **2,000〔ℓ〕以上**には**防波板**を設ける。

・間仕切りにより仕切られた部分には，マンホール，
安全装置，防波板を設ける。

・防波板は厚さ **1.6〔mm〕以上**の鋼板で造る。

・タンクは厚さ **3.2〔mm〕以上**の鋼板で造り，タンクの
外側は錆止め塗装する。

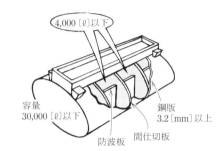

2. 設備の基準

・非常時には直ちに底弁を閉鎖できる**手動閉鎖装置**
（長さは 15〔cm〕以上）及び自動閉鎖装置を設ける。

・タンクの前後の見やすい箇所に **0.3〔m〕平方以上**
0.4〔m〕平方以下の「危」の標識を設ける。

・タンクの見やすい箇所に**危険物の類，品名，最大数量**を表示する。

・**第5種消火設備を2個以上設置**する。

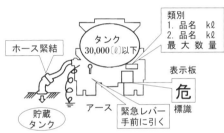

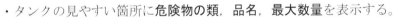

☆ 静電気による災害が発生するおそれのある液体の危険物の移動貯蔵タンクには接地導線を設ける。

☆ **静電気**による災害発生のおそれがある危険物を移動貯蔵タンクに注入するときは，注入管の先端を底部に着け接地して出し入れを行うこと。

☆ 計量棒によって危険物の量を計量するものには，**計量時の静電気による災害を防止する**ための装置を設けること。

☆ 引火点 **40〔℃〕未満**の危険物を注入する場合は移動タンク貯蔵所の**エンジンを停止**して行う。

☆ 移動貯蔵タンクから液体の危険物を容器に詰め替えないこと。ただし**注入ホースの先端部に手動開閉装置を備えた注入ノズル**で，引火点 **40〔℃〕以上**（重油等）の第4類危険物を詰め替えるときはこの限りでない。

☆ 移動貯蔵タンクの下部の排出口には底弁を設け，使用時以外は確実に閉鎖する。

【1】 移動タンク貯蔵所の位置，構造及び設備の技術上の基準について誤っているものはどれか。

(1) 移動貯蔵タンクの容量は 30,000〔ℓ〕以下とする。

(2) 保安距離，保有空地の規制はない。

(3) 車両の常置場所は屋内では耐火構造または不燃材料で造った建築物の 1 階または 2 階に設ける。

(4) 第 5 種消火設備を 2 個以上設置する。

(5) 静電気が発生する恐れがある液体危険物のタンクには静電気を除去する装置を設ける。

【2】 法令上，移動タンク貯蔵所に関する技術上の基準として，誤っているものはどれか。

(1) 静電気による災害が発生する恐れのある液体危険物の貯蔵タンクには，接地導線を設けること。

(2) 車両の前後の見やすい箇所に「危」の標識を掲げること。

(3) タンク底弁は使用時以外は閉鎖しておく。

(4) 危険物の類，品名，最大数量を表示する設備を見やすい箇所に設けること。

(5) 移動タンク貯蔵所には警報設備を設けなければならない。

【3】 法令上，移動貯蔵タンクから運搬容器への詰替えは，原則として認められないが，注入ホースの先端部に手動開閉装置を備えた（手動開閉装置を開放の状態で固定する装置を備えたものを除く。）注入ノズルで行う場合，引火点 40〔℃〕以上の危険物の詰替えが許可されているものは，次のうちどれか。

(1) 硝酸

(2) 重油

(3) メタノール

(4) 硝酸エチル

(5) 過酸化水素

4. 移 送

移送の基準

移送とは，移動タンク貯蔵所で危険物を運ぶことをいう。

① 移送する危険物を取り扱うことができる**危険物取扱者が乗車し，危険物取扱者免状を携帯**することこと。

> **参考**
> ガソリン・灯油を移送するときは，丙種危険物取扱者，乙種4類危険物取扱者，甲種危険物取扱者のいずれかが運転手か助手として乗車すること。

② **消防吏員**または**警察官**は災害の発生防止のため走行中の移動タンク貯蔵所を停止させ，乗車している危険物取扱者に対して危険物取扱者**免状**の**提示**を命じることができる。
また，危険物取扱者はこれに従わなければならない。

③ **連続運転時間が4時間を超える又は1日当たり9時間を超える移送**の場合には，原則として**2名以上の運転要員**を確保すること。

④ 移動タンク貯蔵所には，**完成検査済証，定期点検記録，譲渡または引渡届出書，品名数量または指定数量の倍数変更届出書**を備え付けておくこと。

⑤ 危険物の移送を開始する前に，**タンクの底弁，その他の弁，マンホール及び注入口のふた，消火器**などの点検を行うこと。

⑥ 休憩等のため移動タンク貯蔵所を一時停止させるときは，安全な場所を選ぶこと。

⑦ 移動タンク貯蔵所から，漏油など災害が発生する恐れがある場合は応急措置を講じ，もよりの消防機関等に通報すること。

練習問題

【1】 危険物の貯蔵の技術上の基準として，次のうち誤っているものはどれか。

(1) 危険物を移送する時は，危険物保安監督者を同乗させなければならない。

(2) 危険物を長時間の移送をするときは，2人以上の運転要員を確保しなければならない。

(3) 危険物の移送を開始する前に，タンクの底弁，その他の弁，マンホール及び注入口のふた，消火器などの点検を行うこと。

(4) 移動タンク貯蔵所には完成検査済証，定期点検記録，譲渡引渡し届出書，品名,数量または指定数量の倍数変更届出書を備え付ける。

(5) 移動貯蔵タンクには，当該タンクが貯蔵し，または取り扱う危険物の類，品名及び最大数量を表示すること。

【2】 移動タンク貯蔵所による危険物の貯蔵，取扱い及び移送について，誤っているものはどれか。

(1) 移送する危険物を取り扱うことができる危険物取扱者が乗車する。

(2) 消防吏員または警察官は，走行中の移動タンク貯蔵所を停止させ，乗車している危険物取扱者に対して，危険物取扱者免状の提示を求めることができる。また，危険物取扱は，これに従わなければならない。

(3) 移動タンク貯蔵所には完成検査済証，定期点検記録，譲渡・引渡届出書，品名・数量または指定数量の倍数の変更届出書を備え付ける。

(4) 危険物を移送する場合，危険物取扱者は免状を携帯する。

(5) 定期的に危険物を移送する場合は，移送経路その他必要な事項を，出発地を管轄する消防署へ届け出る。

【3】 移動タンク貯蔵所によるガソリンの移送，貯蔵及び取扱いについて A〜E のうち，基準に適合しているものはいくつあるか。

A 完成検査済証は，事務所で保管している。

B 運転者は，丙種危険物取扱者で危険物取扱者免状を携帯している。

C 運転者は，危険物取扱者ではないが，同乗者が乙種第 4 類の免状を取得し携帯している。

D 乗車している危険物取扱者の免状は，事務所で保管している。

E 移動貯蔵タンクのガソリンを他のタンクに注入するときは，移動タンク貯蔵所の原動機を停止する。

(1) 1つ　　　(2) 2つ　　　(3) 3つ　　　(4) 4つ　　　(5) 5つ

【4】 危険物を移動タンク貯蔵所で移送する場合の措置として，次のうち正しいものはどれか。

(1) 移送とは，移動タンク貯蔵所で物品を運ぶことをいう。

(2) 移送する 1ヶ月前に許可を受けた市町村長等へ届け出なければならない。

(3) 弁，マンホール等の点検は，10 日に 1 回以上行わなければならない。

(4) 丙種危険物取扱者は，ガソリンを移動タンク貯蔵所で移送できる。

(5) 移送中に休憩する場合は，市町村長等の承認を受けた場所で行わなければならない。

【5】 危険物の移送について，法令上，次の文の（　　）内に当てはまる数値はどれか。

連続運転時間が 4 時間を超える又は，1 日当たり（　　）時間を超える移送であるときは，2 人以上の運転要員を確保すること。

(1) 6　　　(2) 7　　　(3) 8　　　(4) 9　　　(5) 10

5. 運 搬

運搬の基準

　危険物の運搬とは，車両等（移動タンク貯蔵所を除く）によって危険
物を運ぶことをいい，指定数量未満についても運搬に関する規定が適用
される。また，**危険物取扱者が乗車しなくてもよい**。ただし，**危険物
の積み降ろしは危険物取扱者が行うか，無資格者が行う場合は甲種危険物取扱者または当該危険
物を取り扱うことのできる乙種危険物取扱者の立ち会いが必要**である。

　危険物を運搬する場合は，容器，積載方法及び運搬方法についての基準に従わなくてはならない。

1. 運搬容器

① 　運搬容器の材質は，鋼板，アルミニウム板，ブリキ板，ガラス。

② 　運搬容器の構造は，堅固で容易に破損することなく，かつ収納
口から危険物が漏れないように運搬容器を密封する。

③ 　運搬容器の構造，最大容積は危険物の種類に応じて定められている。

④ 　収納する危険物と危険な反応を起こさないなど，当該危険物の
性質に適応した材質の運搬容器に収納すること。

⑤ 　運搬容器の外部には**品名，危険等級，化学名**，第4類危険物の
水溶性のものは「**水溶性**」，**危険物の数量**，危険物に応じた**注意
事項**，第4類危険物は「**火気厳禁**」を記載する。

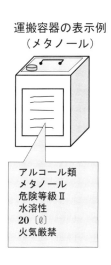

運搬容器の表示例
（メタノール）

アルコール類
メタノール
危険等級Ⅱ
水溶性
20〔ℓ〕
火気厳禁

危険物は危険性の程度により3段階に区分される。

第4類危険物の場合	
危険等級Ⅰ	特殊引火物
危険等級Ⅱ	第1石油類，アルコール類
危険等級Ⅲ	第2石油類，第3石油類，第4石油類，動植物油類

2. 積載方法

① 　危険物は運搬容器に収納して積載する（塊状の硫黄は除く）。

② 　**固体危険物**は収納率を内容積の **95〔%〕以下**にする。

③ 　**液体危険物**は収納率を内容積の **98〔%〕以下**にし，かつ **55〔℃〕**で漏れないように空間
容積をとる。

容器の収納率

液体

98〔%〕以下

固体

95〔%〕以下

④ 同一車両で異なった類の危険物を運搬する場合は，混載禁止のものがある。

	第1類	第2類	第3類	第4類	第5類	第6類
第1類		×	×	×	×	○
第2類	×		×	○	○	×
第3類	×	×		○	×	×
第4類	×	○	○		○	×
第5類	×	○	×	○		×
第6類	○	×	×	×	×	

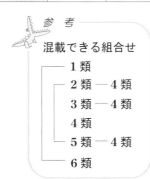

参考
混載できる組合せ
┌─ 1類
├─ 2類 ─ 4類
├─ 3類 ─ 4類
├─ 4類
├─ 5類 ─ 4類
└─ 6類

注：○は混載可能　×は混載禁止。
　　指定数量の 1/10 以下の危険物には適用しない。

⑤ 運搬容器は温度変化等により**危険物が漏れないように密封**する。

⑥ 運搬容器は収納口を**上方に向けて積載**する。

⑦ 運搬容器を**積み重ねる場合**は，高さ**3〔m〕以下**とする。

⑧ 運搬容器が**転落，落下，転倒，破損しないように積載**する。

⑨ **1つの外装容器に異なる類の危険物を収納してはならない。**

⑩ 第4類危険物の**特殊引火物**は，直射日光を避けるため，**遮光性のものでおおう**こと。

⑪ 危険物は，高圧ガス保安法に掲げる**高圧ガスとは混載できない**。ただし，高圧ガスのうち内容積 120〔ℓ〕未満の容器に充てんされた不活性ガスは混載できる。

3. 運搬方法

① 指定数量以上の危険物を運搬する場合は，車両の前後の見やすい箇所に「危」の標識を掲げる。

② 積み替え，休息，故障等のために指定数量以上の危険物を積載した車両を**一時的に停止**させる場合は，**安全な場所を選び，危険物の保安に注意**する。

③ 指定数量以上の危険物を運搬する場合は，**運搬する危険物に応じた消火設備を備える。**

④ 運搬中，危険物が著しく漏れる等の**災害が発生する恐れがある場合**は，災害防止のために**応急措置を講じ，最寄りの消防機関等に通報**する。

===== 練習問題 =====

【1】 危険物を車両で運搬する場合の基準について，次のうち正しいものはどれか。

(1) 指定数量以上の危険物を車両で運搬する場合は，市町村長に届け出なければならない。

(2) 類を異にする危険物の混載は一切禁止されている。

(3) 運搬容器の材質，最大容積等に関する基準は特にない。

(4) 指定数量以上の危険物を運搬する場合は，当該車両に標識を掲げなければならない。

(5) 指定数量未満の危険物を車両で運搬する場合は，運搬基準は適用されない。

【2】 危険物の運搬について，誤っているものはいくつあるか。

A 指定数量の 10 倍以上の危険物を車両で運搬する場合は，所轄消防署長に届け出なければならない。

B 指定数量未満の危険物を運搬する場合についても運搬に関する規定が適用される。

C 危険物の運搬に関する技術上の基準として，危険物を積載する場合の運搬容器を積み重ねる高さは 3〔m〕以下である。

D 指定数量未満の危険物を運搬する場合でも運搬する危険物に応じた消火設備を備える。

E 同一車両で異なった類の危険物を運搬する場合は，混載禁止のものがあるが，指定数量未満の危険物には適用しない。

(1) 1つ

(2) 2つ

(3) 3つ

(4) 4つ

(5) 5つ

【3】 運搬容器への収納について，誤っているものはどれか。

(1) 運搬容器の外部には，原則として危険物の品名，数量等を表示して積載しなければならない。

(2) 危険物または危険物を収納した運搬容器が著しく摩擦または動揺を起こさないように運搬しなければならない。

(3) 特殊引火物を運搬する場合は，運搬容器を日光の直射から避けるため，遮光性のもので被覆しなければならない。

(4) 運搬容器が転落，落下，転倒，破損しないように積載する。

(5) 液体の危険物は、運搬容器の内容積の 90%以下の収納率であって、かつ、60℃の温度において漏れないように十分な空間容積を有して運搬容器に収容する。

【4】 法令上，危険物の運搬容器の外部に危険物の危険性の程度に応じ，原則として危険等級Ⅰ，Ⅱ，及びⅢと表示しなければならないが，次のうち危険等級Ⅱに該当するものはどれか。

(1) ガソリン

(2) 灯油

(3) ジエチルエーテル

(4) 重油

(5) シリンダー油

【5】 危険物の運搬について，次のうち正しいものはどれか。

(1) 危険物を運搬する場合は，容器，積載方法及び運搬方法についての基準に従わなければならない。

(2) 危険物の運搬は危険物取扱者が行わなければならない。

(3) 類を異にする危険物の混載は，すべて禁止されている。

(4) 指定数量以上の危険物を車両で運搬する場合は，危険物施設保安員が乗車しなければならない。

(5) 車両で運搬する危険物が指定数量未満であっても，必ずその車両に「危」の標識を掲げなければならない。

【6】 メタノール 10 〔ℓ〕を容器で運搬する場合に，容器への表示が必要とされているものはいくつあるか。

A アルコール類

B 危険等級Ⅱ

C メタノール

D 水溶性

E 10〔ℓ〕

(1) 1つ   (2) 2つ   (3) 3つ   (4) 4つ   (5) 5つ

【7】 指定数量の 10 分の 1 を超える数量の危険物を車両で運搬する場合，混載が禁止されているものにおいて，次のうち正しいものはどれか。

(1) 第 1 類と第 4 類

(2) 第 2 類と第 4 類

(3) 第 2 類と第 5 類

(4) 第 3 類と第 4 類

(5) 第 4 類と第 5 類

6. 危険物の貯蔵・取扱いの技術上の基準

① 許可，届出をした品名や数量以外の危険物を貯蔵し，取り扱わないこと。また，指定数量の倍数を超える危険物を貯蔵し，取り扱わないこと。

② みだりに火気を使用しないこと。

③ 係員以外の者をみだりに出入りさせないこと。

④ 常に整理，清掃を行い，みだりに空箱等その他不必要な物を置かないこと。

⑤ 貯留設備，または油分離装置にたまった危険物は，あふれないように随時くみ上げること。

⑥ 危険物のくず，かす等は1日1回以上その性質に応じて安全な場所で廃棄その他適切な処置をすること。

⑦ 危険物を貯蔵，取り扱う施設では危険物の性質に応じて遮光，換気を行うこと。

⑧ 危険物が漏れ，あふれ，または飛散しないように必要な措置をすること。

⑨ 危険物を保護液中に保存する場合は，保護液から露出しないようにする。

⑩ 危険物の残存している設備，機械器具等を修理する場合は，安全な場所で危険物を完全に除去した後に行うこと。

⑪ 危険物を収納する容器は，危険物の性質に適応し，かつ腐食，破損，さけ目等がないこと。

⑫ 危険物を収納した容器をみだりに転倒させ，落下させ，衝撃を加え，または引きずる等の粗暴な行為をしないこと。

⑬ 危険物の温度，圧力等を監視し，危険物の性質に応じた適切な温度，圧力を保つ。

⑭ 類を異にする危険物は，消火方法も異なるため，原則として同時貯蔵はできない。

⑮ 可燃性の液体，可燃性の蒸気もしくは可燃性のガスがもれ，もしくは滞留するおそれのある場所又は可燃性の微粉が著しく浮遊するおそれのある場所では，電線と電気器具とを完全に接続し，かつ火花を発する機械器具，工具，履物等を使用しないこと。

廃棄の技術上の基準

・危険物は下水や海，河川などに流したり，廃棄しないこと。

　　ただし他に損害を及ぼすおそれがなく，災害発生を防止する措置を

　講じた場合を除く。

・空地にまいて自然蒸発させるなどの方法で処理しないこと。

・土中に埋没する場合は，危険物の性質に応じて安全な場所で行なうこと。

・焼却する場合は，安全な場所で見張人をつけるとともに安全に注意しながら

　少量ずつ安全な方法で焼却すること。

【1】 危険物の貯蔵・取扱いの基準について，正しいものは，次のうちいくつあるか。

    A 安全確認のために係員以外の者が出入りできるようにする。

    B 貯蔵所において一部を除き，危険物以外の物品は原則として貯蔵できる。

    C 製造所等では許可されたされた危険物と同じ類，同じ数量であれば品名については，随時変更することができる。

    D 製造所等においては，火災予防のため，いかなる理由があっても火気を使用してはならない。

    E 廃棄する場合,焼却は安全な場所で他に危害を及ぼさない方法で行い,必ず見張人をおく。

(1) 1つ   (2) 2つ   (3) 3つ   (4) 4つ   (5) 5つ

【2】 危険物の貯蔵及び取扱いの技術上の基準について，次のうち誤っているものはどれか。

(1)   常に整理，清掃を行い，みだりに空箱等その他不必要なものを置かないこと。

(2)   製造所等には，係員以外の者をみだりに出入りさせないこと。

(3)   危険物を貯蔵し，または取り扱う建築物においては，当該危険物の性質に応じて遮光または換気を行うこと。

(4)   危険物は温度計,湿度計及び圧力計を監視して,当該危険物の性質に応じた適正な温度,湿度または圧力を保つようにすること。

(5)   危険物が残存しているおそれがある機械器具等を修理する場合は,危険物がこぼれないように注意して行うこと。

【3】 危険物の貯蔵及び取扱いの技術上の基準について，次のうち誤っているものはどれか。

(1)   可燃性蒸気が滞留するおそれのある場所で，火花を発する機械器具，工具等を使用する場合は注意して行うこと。

(2)   屋外貯蔵タンク，地下貯蔵タンク，または屋内貯蔵タンクの元弁は，危険物を出し入れするとき以外は閉鎖しておくこと。

(3)   法別表に掲げる類を異にする危険物は，原則として同一の貯蔵所で貯蔵しないこと。

(4)   危険物のくず，かす等は1日に1回以上安全な場所で廃棄等の処置をすること。

(5)   危険物を保護液中に保存する場合は，当該危険物が保護液から露出しないようにする。

7. 標識・掲示板

1. 標識

① 製造所等の標識

　製造所等（移動タンク貯蔵所を除く）には，見えやすい箇所に製造所等であることを表示した標識を設けなければならない。

0.3〔m〕以上

0.6〔m〕以上

地は白色　文字は黒色

参考
　標識・掲示板は縦書きでも横書きでもよい。

② 移動タンク貯蔵所・危険物運搬車両の標識

　車両の前後の見えやすい箇所に掲げる。

　地は黒色，文字は黄色の反射塗料を使用する。

0.3〔m〕以上
0.4〔m〕以下

0.3〔m〕以上 0.4〔m〕以下

移動タンク貯蔵所

0.3〔m〕

0.3〔m〕

危険物運搬車両

2. 掲示板

防火に関する必要な事項を示す。

① 危険物施設の掲示板

　掲示板には危険物の類，品名，貯蔵または取扱最大数量，指定数量の倍数，危険物保安監督者の氏名または職名を記載しなければならない。

0.3〔m〕以上

危険物の種別
危険物の品名
貯蔵または取扱最大数量
指定数量の倍数
保安監督者氏名または職名

0.6〔m〕以上

② 注意事項の掲示板

　危険物の性状により，掲示板は3種類ある。

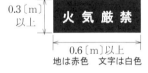

0.3〔m〕以上

0.6〔m〕以上

地は赤色　文字は白色

第2類（引火性固体）
第3類（自然発火性物品ほか）
第4類，第5類

0.3〔m〕以上

0.6〔m〕以上

地は赤色　文字は白色

第2類
（引火性固体を除く）

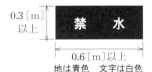

0.3〔m〕以上

0.6〔m〕以上

地は青色　文字は白色

第1類（アルカリ金属の過酸化物ほか）

第3類（禁水性物品ほか）

③ 給油取扱所の掲示板

　給油取扱所のみ「給油中エンジン停止」の掲示板を設けること。

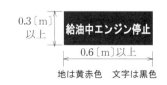

0.3〔m〕以上

0.6〔m〕以上

地は黄赤色　文字は黒色

【1】 標識，掲示板について，次のうち誤っているものはどれか。

(1) 標識は，製造所である旨を示すものである。

(2) 防火に関する必要な事項を示すものが掲示板である。

(3) 標識や掲示板についての大きさ，記載内容，色は定められていない。

(4) 給油取扱所にある「給油中エンジン停止」の表示は掲示板である。

(5) 製造所等には，見やすい箇所に標識を設けなければならない。

【2】 製造所等に設ける標識，掲示板について，次のうち誤っているものはどれか。

(1) 灯油を貯蔵する屋内タンク貯蔵所には，危険物の類，品名，貯蔵最大数量及び指定数量の倍数を表示した掲示板を設けること。

(2) 第4類の危険物を取り扱う一般取扱所には，「取扱注意」と表示した掲示板を設けること。

(3) 第4類の危険物を貯蔵する屋内貯蔵所には，「火気厳禁」と表示した掲示板を設けること。

(4) 移動タンク貯蔵所には，「危」と表示した 0.4〔m〕平方の標識を，車両の前後の見やすい箇所に設けること。

(5) 給油取扱所には，「給油中エンジン停止」と表示した掲示板を設けること。

【3】 製造所等においては，貯蔵し，または取扱う危険物に応じ，注意事項を表示した掲示板を設けなければならないが，危険物の類と注意事項の組合せとして，次のうち誤っているものはどれか。

(1) 第2類　火気注意

(2) 第3類　禁水

(3) 第4類　火気厳禁

(4) 第5類　火気厳禁

(5) 第6類　注水注意

7. 行政違反等に対する措置

1. 措置命令

　製造所等では危険物の貯蔵・取扱いは基準に従い，かつ位置，構造，設備は技術上の基準に適合するように維持しなければならない。違反した場合は，**市町村長等**から**措置命令**を受けることがある。

措　置　命　令	該　当　事　項
危　険　物　の　貯　蔵　・ 取　扱　基　準　適　合　命　令	危険物の貯蔵・取扱が技術上の基準に違反している場合
危険物施設の基準適合命令 （修理，改造または移転の命令）	製造所等の位置，構造，設備が技術上の基準に違反している場合
製造所等の緊急使用停止命令 （一時使用停止または使用制限）	公共の安全維持または災害発生防止のために緊急の必要があると認めた場合
危険物保安統括管理者・ 危険物保安監督者の解任命令	消防法もしくは消防法に基づく命令規定に違反した場合，または業務を行わせることが公共の安全維持や災害発生防止に支障を及ぼすと認めた場合
予　防　規　程　変　更　命　令	火災予防のために必要がある場合
危険物施設の応急措置命令	危険物の流出その他の事故が発生した場合
移　動　タ　ン　ク　貯　蔵　所　の 応　急　措　置　命　令	管轄する区域にある移動タンク貯蔵所について，危険物の流出その他の事故が発生した場合
無　許　可　施　設　に　対　す　る 措　置　命　令	許可を受けずに指定数量以上の危険物を貯蔵・取扱いしている場合

2. 許可の取り消し，または使用停止命令

　製造所等の所有者，管理者，占有者が次の事項に該当する場合は，**市町村長等**から**許可の取り消し**，または期間を定めて**使用停止命令**を受けることがある。

① 　位置，構造，設備を無許可で変更した場合。

② 　**完成検査済証**の交付前に使用した場合。

③ 　**仮使用**の承認を受けないで使用した場合。

④ 　位置，構造，設備の修理，改造，移転命令に違反した場合。

⑤ 　政令で定める**屋外タンク貯蔵所**，**移送取扱所の保安検査**を受けない場合。

⑥ 　**定期点検の実施**，記録の作成，保存がなされない場合。

3. 使用停止命令

製造所等の所有者，管理者，占有者が次の事項に該当する場合は，**市町村長等から期間を定めて使用停止命令を受ける**ことがある。

① 危険物の**貯蔵，取扱い基準の遵守命令に違反**した場合。

② **危険物保安統括管理者を定めない場合**またはその者に危険物の保安に関する業務を**統括管理させていない場合**。

③ **危険物保安監督者を定めない場合**またはその者に危険物の取扱作業に関して**保安の監督をさせていない場合**。

④ **危険物保安統括管理者・危険物保安監督者の解任命令に違反**した場合。

4. 立入検査

市町村長等は，火災防止の必要があると認めるときは，指定数量以上の危険物を貯蔵・取扱いしているすべての場所の所有者，管理者，占有者に対して「資料提出」を命じ，「報告」を求め，また消防職員に「立入検査」を行わせ，「質問」もしくは危険物を「収去」させることができる。

5. 走行中の移動タンク貯蔵所の停止

消防吏員または警察官は，火災防止のために特に必要があると認める場合には走行中の移動タンク貯蔵所を停止させ，乗車している危険物取扱者に対して，危険物取扱者免状の提示を求めることができる。

====== 練習問題 ======

【1】 市町村長等が製造所等の修理，改造または移転を命じることができるものは次のうちどれか。

(1) 許可を受けないで製造所等を設置し，危険物を取り扱っていたとき。

(2) 製造所等を譲り受け，その旨の届出をしなかったとき。

(3) 製造所等で貯蔵し，または取り扱う危険物の品名，数量または指定数量の倍数を無届けで変更したとき。

(4) 完成検査を受けないで製造所等を使用したとき。

(5) 製造所等の位置，構造及び設備が法令に定める技術上の基準に適合していないとき。

【2】 市町村長等の命令として，次の組合せのうち誤っているものはどれか。

	法 令 違 反 等	命 令 等
(1)	製造所等の位置，構造及び設備が技術上の基準に適合していないとき	製造所等の修理，改造または移転命令
(2)	製造所等における危険物の貯蔵または取扱いの方法が，技術上の基準に違反しているとき	危険物の貯蔵，取扱基準遵守命令
(3)	製造所等において危険物の流出その他の事故が発生したときに，所有者等が応急措置を講じていないとき	応急措置命令
(4)	公共の安全の維持または災害発生の防止のため，緊急の必要があるとき	製造所等の一時使用停止命令または使用制限
(5)	危険物保安監督者が，その責務を怠っているとき	危険物の取扱作業の保安に関する講習の受講命令

【3】 製造所等の使用停止命令の発令理由において，次のうち誤っているものはどれか。
(1) 定期点検を行わなければならない製造所等において，それを期限内に実施していない場合。
(2) 製造所等で危険物の取扱作業に従事している危険物取扱者が，免状の書換えをしていない場合。
(3) 危険物保安統括管理者を定めなければならない事業所において，それを定めていない場合。
(4) 設置または変更に係る完成検査を受けないで，製造所等を全面的に使用した場合。
(5) 危険物保安監督者を定めなければならない製造所等において，それを定めていない場合。

【4】 製造所等の許可の取消しまたは使用停止命令の発令理由において，次のうち該当しないものはどれか。
(1) 屋外タンク貯蔵所の危険物取扱者が，危険物の取扱作業の保安に関する講習を受けていないとき。
(2) 製造所に対する修理，改造または移転命令に従わなかったとき。
(3) 給油取扱所の構造を無許可で変更したとき。
(4) 地下タンク貯蔵所の定期点検を怠ったとき。
(5) 設置の完成検査を受けないで屋内貯蔵所を使用したとき。

【5】 消防吏員または警察官が命じることのできるのはどれか。
(1) 危険物取扱者が消防法に違反している場合の免状の返納。
(2) 走行中の移動タンク貯蔵所の停止。
(3) 許可を受けないで指定数量以上の危険物を取扱っている者に対してその危険物の除去。
(4) 危険物の品名・数量または指定数量の倍数の変更。
(5) 火災予防のための予防規定の変更。

8. 事故時の措置

消防機関等への通報　━━━━━━▶　事故発生後，直ちにその事態を通報する。

危険物の流出および拡散の防止　━━━▶　土砂などでせき止め，油面の広がりを防ぐ。

流出した危険物の除去　━━━━━▶　できるだけすみやかに回収する。

その他災害の発生防止のための応急措置　━━▶　付近の火気の使用をやめてもらう。

===== 練習問題 =====

【1】　油槽所から河川の水面に，非水溶性の引火性液体が流出した場合の処置について，次のうち誤っているものはどれか。

(1)　オイルフェンスを周囲に張りめぐらし，回収装置で回収する。

(2)　引火性液体が河川に流出したことを付近や下流域に知らせ，火気使用の禁止などの協力を呼びかける。

(3)　流出した引火性液体を堤防の近くからオイルフェンスで河川の中央部分に集め，監視しながら揮発分を蒸発させる。

(4)　大量の油吸着材の投入と，引火性液体を吸着した吸着材の回収作業を繰り返し行う。

(5)　河川の引火性液体の流出を防止し，火災の発生に備え，消火作業の準備を行う。

【2】　製造所等で危険物の流出その他事故が発生したとき，所有者等の行った措置で，次のうち誤っているものはどれか。

(1)　地下タンク貯蔵所で過剰注入した灯油が通気管から噴出したため，大量の水で拡散して下水に流した。

(2)　屋外タンク貯蔵所で側板が破損し，流出した重油が防油堤内に滞留したため，ドラム缶で回収した。

(3)　移動タンク貯蔵所で横転事故が発生し，破損したタンクから重油が流出したため，引き続き流出を止めた。

(4)　製造所で工事中，切断した配管からアルコールが流出したため，配管の弁を閉鎖して漏えいを止めた。

(5)　給油取扱所で固定給油設備に自動車が衝突し，配管からガソリンが流出したため，火災に備えて消火器を準備した。

【3】　第1石油類を貯蔵する屋内貯蔵所で，危険物の流出事故が発生した場合の処置として，誤っているものは，次のうちいくつあるか。

A　可燃性蒸気を屋外に排出するため，窓及び出入り口の扉を開放した。

B　危険物の充てんしてある鋼板製ドラムを引きずって屋外に運び出した。

C　貯留設備に溜まった危険物を，プラスチック容器でくみ上げ，ふたのある金属容器に収納した。

D　消火の準備をするとともに，床面に流出した危険物に乾燥砂をかけ吸いとった。

E　電気設備からの引火を防止するため，照明及び換気扇等のスイッチを切った。

(1) 1つ　　　(2) 2つ　　　(3) 3つ　　　(4) 4つ　　　(5) 5つ

模擬試験　1

危険物に関する法令

問 1　消防法に定める危険物の品名と該当する物品について，次のうち誤った組合せの物はどれか。

	品　名	該当する物品
(1)	特殊引火物	二硫化炭素，酸化プロピレン
(2)	アルコール類	エタノール，メタノール
(3)	第 1 石油類	ベンゼン，アセトン
(4)	第 2 石油類	キシレン，軽油
(5)	第 3 石油類	重油，アマニ油

問 2　次に揚げる危険物が同一貯蔵所に貯蔵されている場合，その総量は指定数量の何倍か。

(1) 9.5 倍　　(2) 10 倍　　(3) 11 倍
(4) 12 倍　　(5) 13 倍

指 定 数 量	危 険 物	貯 蔵 量
50〔ℓ〕	二硫化炭素	100〔ℓ〕
200〔ℓ〕	ベンゼン	400〔ℓ〕
400〔ℓ〕	アセトン	800〔ℓ〕
400〔ℓ〕	エタノール	1,600〔ℓ〕
2,000〔ℓ〕	酢　酸	2,000〔ℓ〕

問 3　危険物取扱者について，次のうち正しいものはどれか。

(1)　丙種危険物取扱者が取り扱うことのできる危険物は，ガソリン，灯油，軽油，第 3 石油類（重油，潤滑油及び引火点 130〔℃〕以上のものに限る），第 4 石油類，動植物油類である。

(2)　乙種危険物取扱者が免状に指定する危険物以外の危険物を取り扱う場合でも特別の場合は立ち会うことができる。

(3)　甲種危険物取扱者はすべての危険物を取り扱うことはできるが，危険物取扱者以外の者の取扱いに立ち会うことはできない。

(4)　危険物取扱者免状は取得した都道府県のみで有効である。

(5)　丙種危険物取扱者は危険物保安監督者になることができる。

問 4　危険物保安講習の受講時期について，次のうち誤っているものはどれか。

(1)　製造所等において，危険物の取扱作業に従事していない場合，免状の書き換えの際に講習を受けなければならない。

(2)　製造所等において，危険物の取扱作業に従事している場合，前回講習を受けた日から 3 年以内に講習を受けなければならない。

(3)　製造所等において，危険物の取扱作業に従事することとなった日の 2 年以内に講習を受けている場合は，当該講習を受けた日から 3 年以内に講習を受ければよい。

(4)　製造所等において，危険物の取扱作業に従事することとなった日の 2 年以内に免状の交付を受けている場合は，当該免状の交付を受けた日から 3 年以内に講習を受ければよい。

(5)　製造所等において，危険物の取扱作業に新たに従事することとなった日から原則として 1 年以内に講習を受けなければならない。

問5　製造所等への危険物の貯蔵，取扱いの制限について誤っているものはどれか。
(1)　簡易タンクは貯蔵所では，1基600〔ℓ〕以下で3基まで設置できるが，同一品質を設けることはできない。
(2)　移動タンク貯蔵所では，タンクの容量は30,000〔ℓ〕以下である。
(3)　給油取扱所では，固定給油設備に接続する専用タンク又は容量30,000〔ℓ〕以下の廃油タンク等を地盤面下に埋設して設けることができる。
(4)　屋内タンク貯蔵所では，タンクの容量は指定数量の40倍以下とし，第4石油類及び動植物油類以外の第4類危険物については20,000〔ℓ〕以下としなければならない。
(5)　第2種販売取扱所では，取り扱う危険物は指定数量の倍数の15倍を超えて40倍以下である。

問6　地下タンクを有する給油取扱所を設置する場合の手続きについて，正しいものはどれか。
(1)　許可申請→許可書交付→工事着工→工事完了→完成検査申請→完成検査済証交付→使用開始
(2)　許可申請→許可→工事着工→完成検査前検査申請→工事完了→完成検査済証交付→使用開始
(3)　許可申請→許可→工事着工→工事完了→完成検査前検査申請→認可→使用開始
(4)　許可申請→許可書交付→工事着工→完成検査前検査→工事完了
　　　　　　　　　　　　　　　　→完成検査申請→完成検査済証交付→使用開始
(5)　許可申請→許可→工事着工→工事完了届出→認可→使用開始

問7　保有空地を有しなければならない製造所等の組合せとして正しいものはどれか。
(1)　屋内タンク貯蔵所，屋内貯蔵所，屋外タンク貯蔵所
(2)　地下タンク貯蔵所，簡易タンク貯蔵所，一般取扱所
(3)　屋外タンク貯蔵所，屋外貯蔵所，一般取扱所
(4)　製造所，給油取扱所，第2種販売取扱所
(5)　簡易タンク貯蔵所（屋外），第1種販売取扱所，一般取扱所

問8　屋外タンク貯蔵所の位置，構造及び設備の技術上の基準に定められていないものはどれか。
(1)　危険物の量を自動的に表示する装置。
(2)　発生する蒸気濃度を自動的に測定する装置。
(3)　無弁又は大気弁付きの通気管。
(4)　水抜管，注入口。
(5)　液体危険物の場合は防油堤。

問9　セルフ型スタンドの給油取扱所の位置，構造，設備及び取扱いの技術上基準において正しいものはいくつあるか。
A　燃料が満量になった場合に，危険物の供給を停止する構造の給油ノズルを備える。
B　給油量及び給油時間の下限を設定できる構造にする。
C　固定給油設備等へ顧客の運転する自動車等が衝突することを防止するための対策を講じる。
D　顧客が給油作業等を終了した場合は，顧客の給油作業等が行えない状態にする。
E　非常時でも固定給油設備等において，取扱いができる状態にする。
(1) 1つ　　　　(2) 2つ　　　　(3) 3つ　　　　(4) 4つ　　　　(5) 5つ

問10　危険物保安統括管理者の解任命令について当てはまる語句の組合せとして正しいものはどれか。

　　　「（　A　）は危険物保安統括管理者が消防法などに違反したとき，またはその業務を行わせることが公共の安全維持や災害発生防止に支障があると認めたときは，（　B　）に対して（　C　）の解任を命じることができる。」

	A	B	C
(1)	市 町 村 長 等	所 有 者 等	危険物保安統括管理者
(2)	都道府県知事	所 有 者 等	危険物施設保安員
(3)	消防長又は消防署長	危険物保安統括管理者	所 有 者 等
(4)	市 町 村 長 等	危険物保安統括管理者	危険物施設保安員
(5)	消防長又は消防署長	市 町 村 長 等	危険物保安統括管理者

問11　予防規程に関する説明で，正しいものはどれか。
(1)　予防規程は製造所等における位置，構造及び設備の点検項目について定めた規程である。
(2)　予防規程は製造所等における危険物取扱者の遵守事項を定めた規程である。
(3)　予防規程は製造所等の火災を予防するために危険物の保安に関して，具体的，自主的な基準を設けた規程である。
(4)　予防規程は製造所等の労働災害を予防するための安全管理マニュアルを定めた規程である。
(5)　予防規程は製造所等における危険物の取扱い数量について定めた規程である。

問12　危険物の取扱いのうち，消費及び廃棄の技術上の基準について誤っているものはどれか。
(1)　埋没する場合は危険物の性質に応じ，安全な場所で行う。
(2)　バーナーにより危険物を燃焼させる場合は逆火防止と燃料があふれないようにする。
(3)　焼入れ作業は危険物が危険な温度にならないようにする。
(4)　燃焼による危険物の廃棄は，異常燃焼又は爆発によって他に危害又は損害を及ぼす恐れが大きいので行ってはならない。
(5)　染色又は洗浄作業は換気を行い，廃液は適正に処理する。

問13　危険物の運搬について，誤っているものはどれか。
(1)　第1類危険物，自然発火性物品，第4類危険物の特殊引火物，第5類危険物又は第6類危険物は，直射日光を避けるために遮光性のもので覆う。
(2)　第1類危険物のアルカリ金属の過酸化物，第2類危険物の鉄粉・金属粉・マグネシウム又は禁水性物品は，雨水の浸透を防ぐために防水性のものでおおう。
(3)　第5類危険物の60〔℃〕以下で分解するおそれがあるものは，保冷コンテナに収容する等の適切な温度管理をする。
(4)　第4類危険物は，高圧ガスのうち内容積120〔ℓ〕未満の容器に充てんされた液化石油ガス，圧縮天然ガスと混載できる。
(5)　運搬容器の構造は，堅固で容易に破損することなく，かつ収納口から危険物が漏れることがないようにする。

問 14　移動タンク貯蔵所による危険物の貯蔵，取扱い及び移送について，誤っているものはどれか。

(1)　移動貯蔵タンクから漏油等の災害発生の恐れがある場合は，災害防止のために応急措置を講じ，最寄りの消防機関等に通報する。

(2)　静電気による災害発生の恐れがある危険物を移動貯蔵タンクに注入する場合は，注入管の先端を底部につけ，接地して出し入れを行う。

(3)　移動貯蔵タンクには，取り扱う危険物の類，品名及び最大数量を表示する。

(4)　移動貯蔵タンクから引火点が 40〔℃〕未満の危険物を容器に詰め替える場合は，安全な注入速度であれば，手動の注入ノズルを使用することができる。

(5)　引火点 40〔℃〕未満の危険物を注入する場合は，移動タンク貯蔵所の原動機を停止してから行う。

問 15　製造所等の使用停止命令の発令事由として，正しいものはいくつあるか。

A　危険物施設保安員を選任しない場合。
B　施設を譲渡されて届出をしない場合。
C　危険物取扱者が危険物保安講習を受講していない場合。
D　危険物保安監督者を選任しない場合。
E　予防規程を無許可で変更した場合。

(1)　1つ　　　(2)　2つ　　　(3)　3つ　　　(4)　4つ　　　(5)　5つ

基礎的な物理学および基礎的な化学

問 16　次の静電気の発生について，誤っているのはどれか。

(1)　湿度が大きいほど発生しにくい。
(2)　パイプ内の流速が大きいほど発生しやすい。
(3)　熱伝導率が大きいほど発生しやすい。
(4)　アースを接続すると発生が抑えられる。
(5)　金属とプラスチックではプラスチックの方が発生しやすい。

問 17　次の物質において単体と化合物の組合せで正しいものはいくつあるか。

(1)　なし　　　(2)　1つ　　　(3)　2つ
(4)　3つ　　　(5)　4つ

	単体	化合物
A	二酸化炭素	水
B	酸素	オゾン
C	水素	メタノール
D	食塩	窒素
E	鉄	酢酸

問 18　次の（　）に入る数値はどれか。

「20〔℃〕のとき比熱 5.0〔J/g〕・〔℃〕の物質 200〔g〕に 10〔kJ〕の熱量を加えると，この物質は（　）〔℃〕になる。」

(1)　30　　　(2)　35　　　(3)　40　　　(4)　50　　　(5)　100

問 19 次の文章の説明で誤っているものはどれか。

(1) pH3 の水溶液は酸性である。

(2) pH10 の水溶液は赤色のリトマス紙を青色に変える。

(3) 硫酸ナトリウム水溶液は中性である。

(4) ブドウ糖の水溶液は電離しないために中性である。

(5) 水素イオン濃度の数値が小さいほど pH の数値も小さくなる。

問 20 次の説明で正しいものはいくつあるか。

A 黄リンと赤リンは同素体であるので両者の化学的性質はすべて同じである。

B 食塩水は混合物である。

C 2種類の物質で沸点と密度と構成元素が同じであれば，この物質は必ず同一物質である。

D 鉄が錆びるのは化学変化である。

E オゾンは酸素原子のみからなる単体である。

(1) 1つ　　　(2) 2つ　　　(3) 3つ　　　(4) 4つ　　　(5) 5つ

問 21 燃焼の3要素として正しい
組合せはどれか。

(1)	一酸化炭素	酸　素	火　炎
(2)	水　素	窒　素	静電気火花
(3)	ガソリン	一酸化炭素	電気火花
(4)	ナトリウム	ヘリウム	摩擦熱
(5)	アセトン	炭　素	酸化熱

問 22 次の物質で蒸発燃焼するものは，いくつあるか。

A ガソリン　　　　　　　　B プロパン

C ニトロセルロース　　　　D ナフタリン　　　　　　　E 木材

(1) 1つ　　　(2) 2つ　　　(3) 3つ　　　(4) 4つ　　　(5) 5つ

問 23 次の液体の引火点及び燃焼範囲の数値として考えられる組合せはどれか。

「ある引火性液体は 30〔℃〕で液面付近の蒸気濃度が
5〔%〕であった。このとき，火を近づけると燃焼した。
また，50〔℃〕で液面付近の蒸気濃度は 20〔%〕あり，
同じように火を近づけたが燃焼しなかった。」

	引 火 点	燃焼範囲
(1)	15〔℃〕	6〔%〕〜15〔%〕
(2)	20〔℃〕	3〔%〕〜25〔%〕
(3)	25〔℃〕	4〔%〕〜18〔%〕
(4)	30〔℃〕	10〔%〕〜19〔%〕
(5)	35〔℃〕	3〔%〕〜10〔%〕

問 24 消火に関する説明のうち，誤っているものはどれか。

(1) 燃焼の3要素である可燃性物質，酸素供給源，点火源（熱源）のうち，消火には，2つの要素を取り除く必要がある。

(2) 可燃性物質を取り除くことによる消火は除去消火である。

(3) 酸素供給源を取り除くことによる消火は窒息消火である。

(4) 冷却消火とは，点火源（熱源）から熱を奪い，引火点または可燃性ガス発生温度以下にすることにより消火する方法である。

(5) ハロゲン元素の負触媒効果を利用した消火は抑制消火である。

問 **25**　二酸化炭素消火剤についての説明で，正しいものはどれか。
  (1)　二酸化炭素は，高圧で圧縮された気体で本体容器に充填されている。
  (2)　二酸化炭素が可燃物と反応することにより，消火する。
  (3)　二酸化炭素が可燃物と反応して，一酸化炭素が発生するので室内では使用できない。
  (4)　二酸化炭素は電気の不良導体のために電気火災に使用できるが，油火災には使用できない。
  (5)　二酸化炭素は窒息効果以外に，蒸発熱による冷却効果もある。

危険物の性質並びにその火災予防および消火の方法

問 **26**　危険物の類ごとの性状について，正しいものはどれか。
  (1)　第1類危険物は，不燃性である酸化性の固体または液体である。
  (2)　第2類危険物は，引火性を示す固体である。
  (3)　第3類危険物は，空気との接触により発火する固体または液体である。
  (4)　第5類危険物は，不燃性であるが，分解により酸素を発生する固体または液体である。
  (5)　第6類危険物は，酸化性を示す可燃性の液体である。

問 **27**　第4類危険物の性質として，正しいものはどれか。
  (1)　水溶性のものは引火しない。
  (2)　電気伝導度が大きいので，静電気を蓄積しやすい。
  (3)　沸点の高いものは，引火爆発の危険性が高い。
  (4)　発火点が高いものは，燃焼下限界が低い。
  (5)　常温（20〔℃〕）では液状である。

問 **28**　第4類危険物の火災予防として，誤っているものはどれか。
  (1)　使用後の容器でも蒸気が残っている場合があるので取扱いに注意する。
  (2)　蒸気が外部に漏れないように，室内の換気は行わない。
  (3)　危険物の流動により静電気が発生する場合は，アースなどにより静電気を除く。
  (4)　ドラム缶の栓を開ける場合は，金属工具でたたかないようにする。
  (5)　河川や下水溝に流出しないように，注意する。

問 **29**　危険物の火災に適応する消火剤の組合せについて，誤っているものはどれか。

	危 険 物	消 火 剤
(1)	ガソリン	ハロゲン化物
(2)	メタノール	一般の空気泡
(3)	軽 油	強化液（霧状）
(4)	アセトン	二酸化炭素
(5)	ジエチルエーテル	消火粉末

問 **30**　ガソリン及び軽油に共通して使用できる消火器はいくつあるか。
  A　一般の化学泡消火器　　**B**　耐アルコール泡消火器　　**C**　二酸化炭素消火器
  D　粉末消火器　　**E**　強化液（霧状）消火器
  (1) 1つ　　(2) 2つ　　(3) 3つ　　(4) 4つ　　(5) 5つ

問 31　ジエチルエーテルは空気と長く接触し，さらに日光にさらされると加熱，摩擦または衝撃により爆発の危険を生じるが，その理由はどれか。

(1)　燃焼範囲がさらに広くなるため。

(2)　発火点が低くなるため。

(3)　分解して酸素が発生するため。

(4)　過酸化物を生じるため。

(5)　重合して，不安定な物質になるため。

問 32　自動車ガソリンについて，誤っているものはどれか。

(1)　引火点は，−40〔℃〕以下である。

(2)　オレンジ色に着色されている。

(3)　燃焼範囲は，1.4〜7.6〔%〕である。

(4)　発火点は，100〔℃〕より低い。

(5)　液比重は，1 より小さい。

問 33　アセトアルデヒド，アセトン及びメタノールの比較について，正しいものはどれか。

(1)　水に溶けないものがある。

(2)　いずれも引火点は 0〔℃〕以下である。

(3)　沸点はアセトアルデヒド，アセトン，メタノールの順に高くなる。

(4)　危険性はアセトアルデヒド，アセトン，メタノールの順に高くなる。

(5)　いずれも銅製の容器に貯蔵することができる。

問 34　次の危険物の引火点と燃焼範囲からみて，もっとも危険性の大きいものはどれか。

		引火点	燃焼範囲
(1)	ガソリン	−40〔℃〕	1.4〜7.6〔%〕
(2)	アセトン	−20〔℃〕	2.2〜13〔%〕
(3)	メタノール	11〔℃〕	6.0〜36〔%〕
(4)	ベンゼン	−10〔℃〕	1.3〜7.1〔%〕
(5)	ジエチルエーテル	−45〔℃〕	1.9〜36〔%〕

問 35　事故例を教訓とした今後の事故防止対策として，誤っているものはどれか。

「給油取扱所において，アルバイトの従業員が 20〔ℓ〕ポリエチレン容器を持って灯油を買いにきた客に，誤って自動車ガソリンを売ってしまった。」

(1)　誤って販売する事故は，アルバイト等の臨時従業員が応対するときに多く発生しているので，保安教育を徹底する。

(2)　自動車ガソリンは無色であるが，灯油は薄茶色であるので，色を確認してから容器に注入する。

(3)　自動車ガソリンは，20〔ℓ〕ポリエチレン容器に入れてはならないことを全従業員に徹底する。

(4)　容器に注入する前に，油の種類を確認する。

(5)　灯油の小分けであっても，危険物取扱者が行うか，または立ち会う。

模擬試験　2

危険物に関する法令

問1 消防法別表における性質と品名の組合せとして誤っているものは次のうちどれか。

	性　質	品　名
(1)	酸 化 性 固 体	硝酸塩類
(2)	可 燃 性 固 体	黄リン
(3)	自然発火性物質及び禁水性物質	カリウム
(4)	自己反応性物質	ニトロ化合物
(5)	酸 化 性 液 体	硝　酸

問2 次に揚げる性状の危険物が同一貯蔵所に貯蔵されている場合，その総量は指定数量の何倍か。

・引火点−30〔℃〕，発火点　90〔℃〕，非水溶性の第4類危険物が100〔ℓ〕

・引火点　20〔℃〕，発火点482〔℃〕，水溶性の第4類危険物が800〔ℓ〕

・引火点　70〔℃〕，発火点615〔℃〕，非水溶性の第4類危険物が2,000〔ℓ〕

(1)　3倍　　　　　(2)　4倍　　　　　(3)　5倍　　　　　(4)　6倍　　　　　(5)　8倍

問3 次のA～Cに当てはまる語句の組合せとして正しいものはどれか。

「指定数量以上の危険物は，危険物製造所等以外の場所で貯蔵又は取り扱うことが禁止されているが，（ A ）の（ B ）を受けて（ C ）日以内に限り，仮に貯蔵し，又は取り扱うことができる。」

	A	B	C
(1)	所轄消防長又は消防署長	許　可	15日
(2)	所轄消防長又は消防署長	承　認	10日
(3)	市 町 村 長	許　可	5日
(4)	市 町 村 長	承　認	10日
(5)	都道府県知事	許　可	15日

問4 免状に関する説明として，次のうち誤っているものはどれか。

(1)　免状は5年ごとに更新しなければならない。

(2)　免状の再交付を受けた後，亡失した免状を発見した場合は，再交付を受けた都道府県知事に10日以内に提出しなければならない。

(3)　免状の記載事項に変更が生じた場合は，免状を交付した都道府県知事又は住居地もしくは勤務地を管轄する市町村長に書き換えを申請しなければならない。

(4)　免状に添付された写真が10年以上経過した場合は書き換えが必要である。

(5)　免状の汚損により再交付申請をする場合は，申請書に当該免状を添えて提出しなければならない。

問5 製造所等を変更する場合，工事を着工できる時期として正しいものはどれか。

(1) 変更許可を申請すれば，いつでも着工できる。

(2) 仮使用の承認を受ければ，いつでも着工できる。

(3) 許可を受けるまで，着工できない。

(4) 変更工事が位置，構造，設備の基準に適合していればいつでも着工できる。

(5) 変更許可申請後，7日経過すればいつでも着工できる。

問6 保安距離を有しなければならない製造所等の組合せとして正しいものはどれか。

(1) 屋内タンク貯蔵所と屋内貯蔵所　　(2) 地下タンク貯蔵所と簡易タンク貯蔵所

(3) 屋外タンク貯蔵所と屋外貯蔵所　　(4) 製造所と給油取扱所

(5) 販売取扱所と一般取扱所

問7 次の図に示す屋外タンク貯蔵所において，保安距離，敷地内距離及び保有空地の幅を示すものの組合せとして正しいものはどれか。

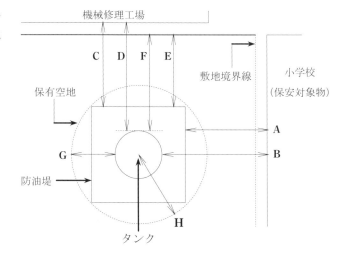

	保安距離	敷地内距離	保有空地の幅
(1)	A	E	H
(2)	A	F	G
(3)	B	D	H
(4)	B	F	G
(5)	D	C	H

問8 4基の屋外タンク貯蔵所を同一の防油堤内に設置する場合，この防油堤の必要最小限の容量として，正しいものはどれか。

(1) 100〔kℓ〕　(2) 110〔kℓ〕　(3) 1,100〔kℓ〕

(4) 2,000〔kℓ〕　(5) 2,200〔kℓ〕

1号タンク	軽　油	600〔kℓ〕
2号タンク	重　油	1,000〔kℓ〕
3号タンク	ガソリン	100〔kℓ〕
4号タンク	灯　油	300〔kℓ〕

問9 セルフ型スタンドの給油取扱所の位置，構造，設備及び取扱いの技術上基準において正しいものはどれか。

(1) セルフ型スタンドでは安全の点から保有空地を設けなければならない。

(2) 給油量及び給油時間の上限を設定できない構造にする。

(3) 顧客が給油を行う際には危険物取扱者が立ち会わなければならない。

(4) 著しい引張力が加わった場合に安全に分離する構造の給油ホースを備えなければならい。

(5) 顧客は顧客用固定給油設備以外の固定給油設備は，従業員の許可がなければ給油等はできない。

問 10　危険物保安監督者に関する説明で，正しいものはいくつあるか。

A　危険物取扱者であれば，免状の種類にかかわらずに危険物保安監督者に選任することができる。

B　危険物保安監督者は，甲種又は乙種危険物取扱者で，1 年以上の実務経験が必要である。

C　危険物保安監督者は，危険物の数量や指定数量の倍数に関係なく，すべて選任しなければならない。

D　危険物保安監督者は，危険物施設保安員の指示に従って保安の監督をしなければならない。

E　危険物保安監督者を定める権限を有しているのは，製造所等の所有者，管理者又は占有者である。

(1) 1 つ　　　　(2) 2 つ　　　　(3) 3 つ　　　　(4) 4 つ　　　　(5) 5 つ

問 11　定期点検に関する説明で，誤っているものはいくつあるか（規則で定める漏れの点検を除く）。

A　定期点検は，原則として 1 年に 1 回以上行わなければならない。

B　定期点検を行う危険物取扱者は，6 ヶ月以上の実務経験が必要である。

C　点検記録は，原則として 1 年間保存しなければならない。

D　定期点検は，原則として危険物取扱者又は危険物施設保安員が行わなければならない。

E　地下タンク貯蔵所は貯蔵する危険物の種類，数量に関係なく，定期点検を実施しなければならない。

(1) 1 つ　　　　(2) 2 つ　　　　(3) 3 つ　　　　(4) 4 つ　　　　(5) 5 つ

問 12　給油取扱所における危険物の取扱いについて，誤っているものはどれか。

(1)　固定給油設備を使用して直接給油する。

(2)　自動車の洗浄は，引火性液体の洗剤を使用しない。

(3)　給油業務が行われていないときは，係員以外の者を出入りさせないための必要な措置を講じる。

(4)　物品の販売等は，原則として建築物の 1 階で行う。

(5)　自動車が給油空地からはみ出す場合は，防火上細心の注意をすること。

問 13　灯油 10〔ℓ〕をポリエチレン製の容器で運搬する場合に，容器への表示が必要とされていないものはどれか。

(1) 灯油　　　(2) 10〔ℓ〕　　　(3) ポリエチレン製　　　(4) 第 2 石油類　　　(5)「火気厳禁」

問 14　移動タンク貯蔵所によるベンゼンの移送，取扱いについて，正しいものはどれか。

(1)　甲種，乙種（第 4 類）又は丙種危険物取扱者が同乗する。

(2)　移動貯蔵タンクから他のタンクに危険物を注入するときは，原動機を停止させる。

(3)　夜間に限り，車両の前後に定められた標識を表示する。

(4)　完成検査済証は，紛失防止のために完成検査済証の写しを携帯する。

(5)　移送中に危険物が漏れた場合は，速やかにひきかえす。

問 15　市町村長等の命令として，誤っているものはどれか。

(1)　危険物の流出その他の事故が発生した場合 …… 応急措置命令

(2)　危険物の貯蔵・取扱が技術上の基準に違反している場合……危険物の貯蔵・取扱基準遵守命令

(3)　火災予防のために必要がある場合……予防規程変更命令

(4)　危険物保安監督者が，その責務を怠っている場合……保安に関する講習の受講命令

(5)　消防法もしくは消防法に基づく命令規程に違反した場合……危険物保安統括管理者の解任命令

基礎的な物理学および基礎的な化学

問16　次の物質 1〔mol〕が完全に燃焼したときに最も多くの二酸化炭素を発生するものはどれか（原子量を H=1，C=12，O=16 とする）。

(1)　アセトン(CH₃COCH₃)
(2)　ベンゼン(C₆H₆)
(3)　メタノール(CH₃OH)
(4)　ジエチルエーテル(C₂H₅OC₂H₅)
(5)　アセトアルデヒド(CH₃CHO)

問17　次の組合せのうち，同素体ではないものはいくつあるか。

(1)　なし　　(2)　1つ　　(3)　2つ
(4)　3つ　　(5)　4つ

A	酸　素	オゾン
B	重水素	水　素
C	黒　鉛	ダイヤモンド
D	炭酸ガス	ドライアイス
E	オルトキシレン	メタキシレン

問18　常温(20〔℃〕)で 1,200〔ℓ〕の容器に 1,000〔ℓ〕入った可燃性液体があり，室温が 50〔℃〕の状態になったとき，容器内の液体の体積はどれくらいになるか（ただし，体膨張率を 0.0014 とする）。

(1)　1,028〔ℓ〕　　(2)　1,042〔ℓ〕　　(3)　1,050〔ℓ〕　　(4)　1,070〔ℓ〕　　(5)　1,084〔ℓ〕

問19　次の文章の記述のうち，誤っているものはどれか。

(1)　昇華とは固体を加熱すると液体にならずに直接気体になることである。
(2)　沸騰とは液体の表面や液体内部より，蒸発が起こる現象である。
(3)　気体が液体になることを凝縮という。
(4)　水は 4〔℃〕のときに体積も密度も一番大きくなる。
(5)　水が気化するとき，周囲より熱を奪う。

問20　次の記述のうち，酸化反応はどれか。

(1)　酸化銅が，銅に変化した。
(2)　亜鉛イオンが電子を得て亜鉛金属となった。
(3)　水素が空気中で燃焼して水になった。
(4)　砂鉄にコークスを加えて加熱すると鉄のかたまりが得られた。
(5)　硫黄が，硫化水素に変化した。

問21　燃焼に関する説明として，誤っているものはどれか。

(1)　ガソリンが燃焼することを蒸発燃焼という。
(2)　木炭が燃焼することを表面燃焼という。
(3)　石炭が燃焼することを分解燃焼という。
(4)　ニトロセルロースが燃焼することを内部（自己）燃焼という。
(5)　硫黄が燃焼することを固体燃焼という。

問 22　可燃物の燃焼の難易について，誤っているものはどれか。

(1)　熱伝導率が大きいものほど燃えやすい。

(2)　発熱量が大きいものほど燃えやすい。

(3)　可燃性ガスが発生しやすいものほど燃えやすい。

(4)　酸素との結合力（化学的親和力）が大きいものはど燃えやすい。

(5)　空気（酸素）との接触面積が大きいものほど燃えやすい。

問 23　次の性状を有する可燃性液体についての記述で，正しいものはどれか。

　　液比重　0.80，引火点　5.0〔℃〕，沸点　110〔℃〕，蒸気比重（空気=1）2.1，発火点　450〔℃〕

(1)　この液体 2〔kg〕の容量は 1.56〔ℓ〕である。

(2)　自ら燃え出すのに十分な濃度の蒸気を液面上に発生する最低液温は 5.0〔℃〕である。

(3)　可燃性蒸気が発生する液温は 110〔℃〕である。

(4)　発生する蒸気の重さは，空気の約 2 倍である。

(5)　温度が 450〔℃〕以上になると分解が始まる。

問 24　次の物質についての記述で，正しいものはどれか。

　　「ある固体を加熱していくと 6〔℃〕で液体となり，30〔℃〕で発生している蒸気濃度は 3.5〔%〕であり，このとき火を近づけたときが，燃焼しなかった。温度を上げて 55〔℃〕での蒸気濃度は 7.9〔%〕であり，このとき火を近づけると燃焼した。98〔℃〕での蒸気濃度は 23.1〔%〕であり，火を近づけたが燃焼はしなかった。さらに温度を上げて 498〔℃〕になると，火を近づけなくても自然に燃焼した。」

(1)　この物質は常温（20〔℃〕）において，固体である。

(2)　燃焼下限界は 3.5〔%〕である。

(3)　この物質の沸点は 498〔℃〕である。

(4)　引火点は 55〔℃〕より大きい値である。

(5)　燃焼上限界は 23.1〔%〕より低い値である。

問 25　消火剤の説明について，正しいものはどれか。

(1)　水消火剤に界面活性剤を加えると油火災にも有効になる。

(2)　強化液消火剤の成分は分解するので，定期的に交換する必要がある。

(3)　水溶性液体の火災では，泡が溶解するので一般的な泡消火剤は使用できない。

(4)　ハロゲン化物は熱により，溶解して可燃物の表面を覆い，窒息・抑制効果がある。

(5)　二酸化炭素消火剤は，良導体のために電気火災に使用できない。

危険物の性質並びにその火災予防および消火の方法

問 26　次に文章に該当する危険物はどれか。

　　　「加熱，衝撃，摩擦等により発火し，爆発するものが多く，また酸素を含有しているので，自己燃焼するものが多い固体もしくは液体である。」

　(1) 第 1 類　　　(2) 第 2 類　　　(3) 第 3 類　　　(4) 第 5 類　　　(5) 第 6 類

問 27　第 4 類危険物の説明のうち，正しいものはどれか。

　(1)　常温以下では，火花によっても引火しない。

　(2)　炎がなければ発火点以上の温度でも燃えない。

　(3)　火花があれば，引火点以下の温度でも燃える。

　(4)　発火点以上の温度に加熱すると燃焼する。

　(5)　常温以下であれば，可燃性蒸気は出さない。

問 28　次の文章の A～D に入る用語の組合せとして，正しいものはどれか。

　　　「第 4 類危険物の取り扱いに当たっては，火気または（ A ）の接近を避け，その蒸気は屋外の（ B ）に排出するとともに，蒸気の発生しやすいところでは （ C ）をよくし，または貯蔵容器は（ D ），容器の破損を防止すること。」

	A	B	C	D
(1)	高温体	低　所	冷暖房	満杯にし
(2)	可燃物	高　所	換　気	空間容積を残し
(3)	水　分	低　所	気密性	満杯にし
(4)	高温体	高　所	換　気	空間容積を残し
(5)	可燃物	低　所	冷暖房	満杯にし

問 29　第 4 類危険物の火災に適応する消火剤の効果として，もっとも適切な理由はどれか。

　(1)　可燃物を分解するため　　　　　　　(2)　蒸気濃度を下げるため

　(3)　液温を引火点以下に下げる　　　　　(4)　酸素の供給を遮断するため

　(5)　蒸気の発生を抑えるため

問 30　二硫化炭素の性質について，誤っているものはいくつあるか。

　A　水より重いので，水による窒息消火も可能である。

　B　水には溶けないが，アルコールやジエチルエーテルにはわずかに溶ける。

　C　燃焼下限界が低く，かつ燃焼範囲が広い。

　D　沸点は特殊引火物の中では，もっとも高い。

　E　静電気は比較的発生しにくい。

　(1) 1 つ　　　　(2) 2 つ　　　　(3) 3 つ　　　　(4) 4 つ　　　　(5) 5 つ

問31 灯油と軽油の比較について，正しいものはどれか。

(1) 灯油は水に溶けないが，軽油はわずかに溶ける。

(2) いずれも常温で引火する危険性がある。

(3) いずれも蒸気は空気より 4〜5 倍重い。

(4) 灯油は淡紫黄色，軽油はオレンジ色に着色されている。

(5) 灯油の燃焼範囲は，軽油よりかなり広い。

問32 第 4 石油類について，誤っているものはどれか。

(1) 引火点は 200〔℃〕以上である。

(2) 水に溶け，粘性がある液体である。

(3) 常温では，液体である。

(4) 潤滑油や可塑剤が該当する。

(5) 可燃性液体量が 40〔%〕以下のものは除外される。

問33 動植物油類について，誤っているものはどれか。

(1) アマニ油は，ぼろ布に浸みこませて放置すると自然発火しやすい。

(2) 引火点が高いので，常温では引火する危険性は少ない。

(3) 不飽和度の高い不飽和脂肪酸を多く含有する油ほど自然発火する危険性が高い。

(4) 引火点の高低は，自然発火のしやすさとはあまり関係ない。

(5) 空気にさらすと硬化しやすいものほど，自然発火しにくい。

問34 次の第 4 類危険物の中で，引火点が 20〔℃〕以下の組合せはどれか。

(1) ガソリン，二硫化炭素，アセトン

(2) 軽油，酢酸，エタノール

(3) 酸化プロピレン，メタノール，灯油

(4) ジエチルエーテル，重油，トルエン

(5) ベンゼン，ピリジン，エチレングリコール

問35 屋内でガソリンを他の容器に詰め替え中に付近で使用していた石油ストーブにより火災となったが，この火災原因として適当なものはどれか。

(1) ガソリンが石油ストーブにより加熱され，発火点以上となったから。

(2) 石油ストーブの加熱により，ガソリンが分解して自然発火したため。

(3) ガソリンの蒸気が空気と混合して燃焼範囲の蒸気となり，床をはって石油ストーブのところへ流れたため。

(4) 石油ストーブの加熱により，蒸気が温められて部屋の上空に滞留したため。

(5) 石油ストーブによりガソリンが温められ，燃焼範囲が広がったため。